U0154890

故宫里的
神奇动物

兽谱

彭皓 著

梦创动漫 绘

北京理工大学出版社
BEIJING INSTITUTE OF TECHNOLOGY PRESS

图书在版编目（CIP）数据

故宫里的神奇动物. 兽谱 / 彭皓著；梦创动漫绘
. -- 北京：北京理工大学出版社, 2022.11
　ISBN 978-7-5763-1703-9

　Ⅰ.①故… Ⅱ.①彭… ②梦… Ⅲ.①动物—少儿读
物 Ⅳ.①Q95-49

中国版本图书馆CIP数据核字(2022)第170809号

出版发行 / 北京理工大学出版社有限责任公司

社　　址 / 北京市海淀区中关村南大街 5 号

邮　　编 / 100081

电　　话 / （010）68914775（总编室）
　　　　　（010）82562903（教材售后服务热线）
　　　　　（010）68944723（其他图书服务热线）

网　　址 / http://www.bitpress.com.cn

经　　销 / 全国各地新华书店

印　　刷 / 三河市金元印装有限公司

开　　本 / 880 毫米 × 1230 毫米　　1/16

印　　张 / 12　　　　　　　　　　　　　责任编辑 / 徐艳君

字　　数 / 153千字　　　　　　　　　　文案编辑 / 徐艳君

版　　次 / 2022 年 11 月第 1 版　2022 年 11 月第 1 次印刷　　责任校对 / 刘亚男

定　　价 / 69.00元　　　　　　　　　　责任印制 / 施胜娟

目录

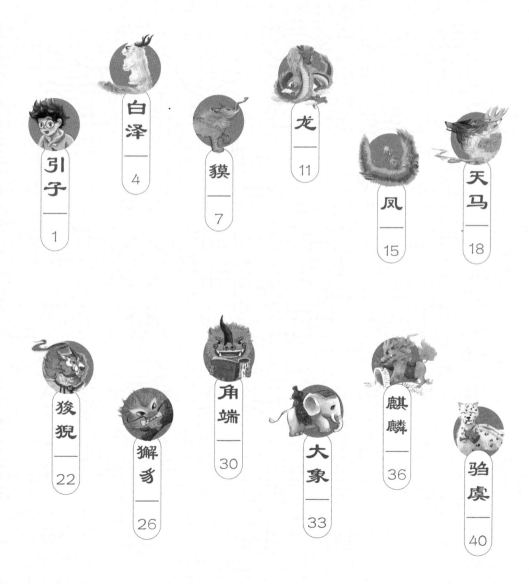

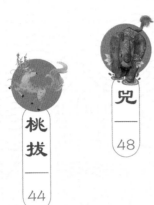

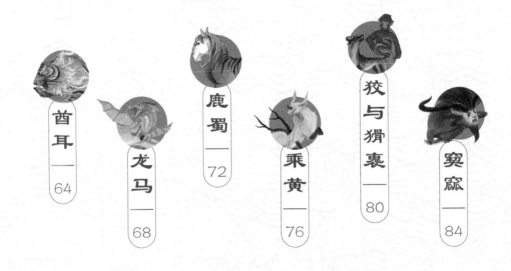

引 子

　　我叫皮澹，"皮里阳秋"的皮，"澹兮其若海"的澹。老爸说这个名字是爷爷翻了好几天书才定下来的，蕴含着长辈们对我的人生期望。但老妈说，这个名字是因为老爸想吃皮蛋瘦肉粥，就随口叫的，不料被爷爷听见了，他以为是"皮澹"连声叫好，于是我的名字就这样被决定了。不得不说，这真是一个尴尬的误会。

　　我的朋友们都叫我皮蛋，算了，你们也叫我皮蛋吧——反正我已习惯被别人问"你爸妈是不是特别爱喝粥"了。

　　再次介绍一下：我，皮蛋，一个不喜欢皮蛋瘦肉粥的四年级男生。

　　爷爷有很多视若珍宝的藏书，每年的六月初六晒书节，我都要帮他把这些书搬到院子里晒太阳。我很喜欢晒书。爷爷的书里藏着宝藏，比如我现在看的这本画册，名叫《清宫兽谱》，是乾隆皇帝亲自主持编撰的神奇动物图鉴。爷爷听发现它的那个旧书店的老板说，这可算得上是流落民间的孤本，是他亲戚的朋友的亲戚的长辈，从皇宫里偷偷抄来的。

　　宫廷里出来的画果然十分精妙，里面的每一个动物都栩栩如生。趁院子里没人，我拿了一杯冰可乐，坐在爷爷的摇椅上，一边悠哉游哉地喝可乐一边看画册。

　　画册里记录了很多动物，有常见的小动物，也有不常见的猛兽，还有传说中的神兽。每种动物都有精美的图画和详细的文字介绍。我正看得津津有味，突然听见门外传来爷爷和邻居打招呼的声音。

　　不好！要是被他发现我一边喝饮料一边看书，非得挨揍不可！我赶紧跳起来，手忙脚乱地收拾东西，谁知一个不小心，竟把杯子碰倒了，冒着泡的可乐洒满了整个画册。

我的天啊！虽然我是爷爷的小宝贝儿，但是这些书可是爷爷的大宝贝儿啊！要是让爷爷知道我这样伤害他的大宝贝儿……我的脑子里一片空白，只剩下"完蛋"两个字。

抽纸在哪儿？抹布在哪儿？怎么紧要关头全都找不到了！我急得直跳脚，像被困的苍蝇一样满院子乱转。当我终于拿着从厕所里找到的卫生纸跑回来的时候，忽然发现院子里多了一个奇怪的东西——一只长相奇特的小白狗。小白狗正一脸严肃地研究我的杯子，它长着雪白的毛发，身体像狮子，脑袋像……不对，狗的头上怎么会有两个角！

而且，我为什么会从一只动物的脸上看出严肃的表情？

我正发蒙，却听到有人用奶里奶气的声音抗议："我才不是什么小白狗，更不是狮子！我是神兽白泽，是祥瑞的象征，能让人逢凶化吉哟！"

神兽？我围着这个小家伙转了好几圈，怎么也没看出它神在哪里。我好奇地问："神兽都像你一样，会说人类的语言吗？"

白泽骄傲地说："人类的语言有什么难的，所有的语言我都会说。谁让我有通晓世间万物的大神通呢！"说完，它用小爪子碰了碰玻璃杯，问："刚才那些是什么水？怪好喝的，我从来没尝过这个味道。"

我哈哈大笑："你不是通晓万物吗？怎么连可乐都不知道？"

话音未落，我感觉四肢一阵酥麻，头发也立了起来——好像被屯了？

"不许对本神兽出言不逊。"白泽不高兴地说。它翻开画册，用毛茸茸的小爪子指着书页："你看！"

我吃惊地发现，画册里的图画不见了！

"都怪你刚才把画册弄脏了，害得我和大家都没有地方住了。你必须赶快修复这本画册，否则……"

"否则什么？"

"否则会有大麻烦！"白泽说完，不知从哪里变出一支毛笔，塞到我的手里，"这是用我的毛发做的笔，能够还原古画。你得找到逃走的神兽，用这支笔把它们画回画谱里。"

"我哪里会画画啊！" 我为难地说。

"用我毛发做的能是普通笔吗？只要让它们拿着在画谱上点一下，画就自动复原了。"

"可我到哪去找它们呢？"

"我知道啊！别忘了，我可是通晓世间万物的白泽。"小家伙摇头晃脑，得意极了。

我撇撇嘴，小声咕哝："你连可乐都不知道！"

话音未落，我又被电了一下。

白 泽

　　白泽骄傲地告诉我，上至天文地理的大事，下至鸡毛蒜皮的小事，它统统都了如指掌。

　　"很久以前，黄帝外出巡视，在东海之滨与我偶遇。他知道我通晓世间万物，会说人类的语言，就虚心地向我请教天下鬼神之事。他让人将我的回答一一记下，绘制了一本鬼神图鉴，名叫《白泽精怪图》，简称《白泽图》，这本书中记载了所有鬼怪的名字、外貌以及驱赶甚至消灭它们的方法。你知道里面记载了多少种鬼神吗？"

　　我摇摇头，表示不知道。

　　"一万一千五百二十种！厉害吧？"

　　"厉害厉害！"我竖起大拇指给它点了个赞。

　　"在古代，这本书非常流行，几乎每家每户都有。人们遇到怪物，就会去书中寻找驱邪的方法。而我作为驱鬼的神兽、瑞兽，自然也备受推崇，大家将我的画像挂在墙上，贴在大门上，甚至做成衣服、枕头等物品上的装饰。"

　　"哇！你居然这么受欢迎！"

　　"那是当然了！"白泽扬扬自得地继续说，"我可是官方认定的吉祥神兽，从唐代开始，皇家仪仗队的旗子上就绘上了我的画像，武将的官服上也绣着同样的花纹。甚至很多人都给自己或孩子取名叫白泽，这是多么好听的名字呀，不仅悦耳，还能让人远离灾难，带来好运……"

　　看着它自鸣得意的样子，我心想：白泽这名字有什么好的，还不如皮蛋呢！但我没敢说出口——怕挨电。

白泽完全沉浸在了自夸、自恋当中，丝毫没注意到我的神色，自顾自地说道："现在你知道了吧，在所有的神兽中，我的地位也是相当高的。我的大名早就传到了朝鲜、日本等地，那里的人也很崇拜我呢！"

好吧，看来我运气不错，虽然这小家伙有些自恋，但毕竟又吉祥，又聪明，要是它再听话一点儿，不电我就完美了。

"喂、喂！发什么呆！"白泽看我出神，不满地嚷道，"刚才我说的，你都记下来了吗？"

"当然记下来了。"我拿出一支录音笔，按下播放键，白泽奶声奶气的声音从录音笔中传出：我是白泽，通晓世间万物……

白泽惊呆了："这不是我的声音吗？你是怎么做到的？"

我晃了晃录音笔："就靠这个呀！"

"这是什么宝贝？"白泽瞪大眼睛，歪着头，好奇地打量起来。

"哈哈，这是录音笔，能记录声音。"我趁机给它科普，"现在科技可发达了，只要有网络，每个人都可以通晓万物。上网一搜，什么知识都能找到。"

白泽听得两眼放光，兴奋地说："这真是太棒了！皮蛋，你先教我上网吧！不过关于这些神兽的故事，可能还是只有我能帮你了。"白泽得意扬扬地说。

"没问题，不过你得答应我，以后再也不电我了。"这么好的提要求的机会，可不能错过。

"成交！"白泽一口答应，"对了，你还有可乐吗？"

《白泽图》是一份关于妖怪的花名册，里面不仅有各种鬼怪的形象、名称，还记载了驱逐甚至役使它们的方法，其中最著名的就是"呼名术"。

呼名术，就是根据《白泽图》的记载，快速判断出遇到的妖怪是哪一类、哪一种，然后，摆出一副毫不畏惧的样子，趁着妖怪诧愕之际，反客为主，大叫它的名字，这样，妖怪就会认为你知道它的底细，落荒而逃！

看在可乐的分儿上，白泽告诉我，《兽谱》里的大部分动物都还在，只有少数很厉害的神兽挣脱束缚跑了出去，以及一些淘气、顽皮的趁乱走失了。白泽笑嘻嘻地喝着可乐："这些家伙肯定是去紫禁城了。能在紫禁城里任职的神兽都很厉害，有的能辟邪，有的能祈福，有的可以守护宫殿，有的能主持正义……总之，我们去紫禁城肯定能找到它们。"

我知道紫禁城就是故宫，也知道故宫里有很多神兽，可是这么遥远的距离，怎么才能去故宫找到神兽呢？

白泽似乎看出了我的心事，笑着问："怎么样？这么小菜一碟的事还做不到？"

"什么小菜一碟！"我说，"你以为紫禁城是什么地方？现在里面虽然已经没有皇帝了，但也不是想进就能进的……且不说这么远的距离，就是能到门前，我哪来的钱买门票呢！"

白泽昂起头，自信地说："有我在买什么门票啊！"

"难道你还有特别的门路？"

"用什么门路！"白泽脑袋一扬，"哈哈！我是神兽啊，想去什么地方，既不用走门，也不用赶路！"

这一下可把我听傻了："难道你还会腾云驾雾？可我怎么办呢？"

"你呀，也不用担心！我带你一起去。"

我看着白泽小小的身体，皱起眉头："我听过骑龙、骑凤的，可你这么小怎么骑呀！坐不稳我可不敢去天上飞！"

"谁要给你骑了！"小家伙白了我一眼说，"本神兽才不是坐骑呢！"

"那怎么去呀？"我问。

"做梦。"

"做梦？"

"对！就是做梦！"白泽说着，拿过《兽谱》，翻到一页没损坏的，伸出小爪子一抓，只听呼的一声，一只身体像马、鼻子像大象、头像狮子的奇怪生物，乍然出现在了旁边。

"貘老兄，该你大显身手了！"

"它能做什么？"我好奇地盯着这个大家伙。

白泽说："你可别小看它。这位貘老兄本领大着呢！它又叫白豹，不仅能辟邪，还能吃掉噩梦。当然，也能进入你的梦中，把你带往紫禁城。"

"在梦中去紫禁城，能找到逃走的神兽吗？"

"能啊！不仅能找到神兽，还能让你痛痛快快地玩一场——在梦中，你不用受现实中的各种限制，能在紫禁城里随意行走，还能飞起来呢！"

想想都刺激，我抑制不住兴奋，忙说："那就快走——不！快进入梦中吧！"

"急什么？"白泽一脸嫌弃地看着我说，"真没见识。梦里虽然自由，不过也有危险，我还得给你找点儿武器。"

什么武器，我正纳闷儿，只见白泽小爪子一晃，变戏法似的从貘的身后抓出一把怪石头，然后又晃了晃，石头居然变成了一把宝剑。白泽把宝剑递到我的手中，握着还挺顺手。"那是什么石头呀？"我问。

白泽嘿嘿一笑："今天先收好，以后告诉你！"

我还想问，貘已经准备好了。它噘起长鼻子，对着我的脸喷来一股气。香香的……我顿时觉得眼皮沉重得不得了，不由得闭上双眼，瞬间就什么都不知道了。

相传，天神想创造一种动物，一时又找不到材料，就将创造其他动物剩下的边角料拿来，合成了貘。所以，貘的身体像马，鼻子像大象，头像狮子，眼睛像犀牛，尾巴像牛，足像老虎。这种"六不像"的动物，又被赋予了神奇的本领——掌控梦境。它能让人做梦，还能吃掉噩梦。唐代时，人们常在屏风上绘制貘，以驱邪。

龙

我醒来的时候，发现自己站在高高的屋脊上。"这就是太和殿，"白泽说，"故宫里最高大的宫殿。"我向四面望去，发现在这儿可以俯瞰整个故宫，金色的琉璃瓦在阳光的照耀下流光溢彩，熠熠生辉。

要是能看到星星就好了。我脑子里刚冒出这个想法，天空就变成了深邃璀璨的星空。银河像一条发光的缎带，飘浮在头顶，上面点缀着闪亮的各色宝石。斑斓壮丽的星云像是史诗中的神迹，浩瀚而又神秘。

我兴奋地大喊："这真是太神奇了！"

"这是你的梦，你当然可以随意改变梦里的场景。但最好不要想太多，不然会很可怕的哦……"我看不到貘，但是它的声音却清晰地传到我耳中。

听了这话，吓得我赶紧把脑子里的恐龙和怪兽"扫地出门"。

白泽挥动小爪子，"跟我来，我们先去拜访一下这里地位最崇高的神兽。它虽然不在《兽谱》里，却是故宫里的老大，所有神兽都很尊重它。"

故宫里的老大？那是谁？

白泽带我来到檐角上，这里整整齐齐地排列着十只镇瓦神兽，排名第一的是龙。龙似乎知道有人要来拜访，我们刚到它跟前，它就轰地一下，变得老大老大，身躯腾在空中盘旋着，泛出淡金色的光芒，一看就让人心生敬畏。我赶紧学古装片里演员的样子，恭恭敬敬地作了一个揖："龙先生，您好啊。在下皮蛋，请多关照。"

龙先生似乎很好奇，盯着我一言不发，看得我局促不安。白泽在一旁悄悄地说："越厉害的神兽，脾气就越古怪，不要害怕……"

过了半晌，龙先生终于开口了，连珠炮似地问道："你们人类为什么总是拿着一

个小玩意儿到处照？你们说的朋友圈是什么？还有为什么到这里的人，都说要打卡？"

"您说的应该是手机。游客们用手机拍了照片和视频，发到朋友圈或者网上，让大家都可以看到这里的景色。打卡就是表示自己来过这里了。"我努力为龙先生解答疑问。

"我也想打卡，但我没有手机。"龙先生惆怅地叹息。

看来神兽也有遗憾。我想帮它打卡，可惜它不在兽谱中。

等等，这可是在我的梦境中，难道还不能变出个手机吗？我这么想着，往兜里一掏，果然出现了一个手机。龙先生高兴地收下了礼物，打卡时，还不忘用龙爪比了个剪刀手。

礼尚往来，作为回报，它告诉我很多知识。比如说：整个故宫里一共有一万五千多条龙，单单太和殿中就有一万三千五百多条；不同的龙，既有形态的差异，也根据所处位置的不同，带有不同的寓意；在镇瓦兽中，龙代表着天子的至高无上；太和殿上的镇瓦兽，在所有镇瓦兽中是最尊荣的……

龙先生果然是龙先生，一开口就滔滔不绝，如倾吐江海一般。不过我喜欢听，也听得有耐心，因为貘说了，梦里的时间可以无限拉长，多耽搁一会儿也不打紧。但白泽这家伙却不耐烦了，不断拉扯我的衣袖。

神奇秘语

　　龙是种神秘莫测的动物，也是中华民族最重要的文化图腾之一。它能大能小，能现能隐，能翔于云端，能潜入深海，可行云布雨、兴风起浪。龙象征刚强不挠的正气，象征能伸能缩的智慧，象征世代延绵的幸运和吉祥，所以，人们将其图案装饰在各种各样的地方以祈福、辟邪。

凤

"告辞！"白泽实在忍不住了，果断地拉着我告别了龙先生，一边走，一边小声嘀咕，"你别看它威严，实际上是个话痨，如果你愿意，它可以跟你聊上三天三夜。"

我们来到了大殿屋顶的另一面，这里也有一排镇瓦兽。白泽指着排在第二位的凤说："虽然它也不在《兽谱》里，但为了表示尊重，我们也要拜访一下！"

话音刚落，周围忽然显现出无数道光芒，一只巨大的鸟儿在柔和的彩光中，缓缓走出来。它有五彩缤纷的羽毛，尾羽更是流光溢彩，在阳光下闪闪发亮——我还是喜欢蓝天和阳光，于是让梦境变回来了。

难怪人们喜欢凤凰，原来它这么美！我连忙像刚才那样，作了个揖，彬彬有礼地说："凤凰女士，您好啊。"

但是凤凰女士的脾气似乎不太好，它瞪了我一眼，张开嘴，一团火球直向我飞来！

我吓了一大跳，赶紧跳起来躲开了这团火，气愤又不解地问："我又没得罪您，怎么一言不合就喷火呢？"

凤凰女士哼了一声，说："哪里来的小鬼，不学无术。这是一点儿小小的警告，不要以为在你的梦里，就可以口无遮拦！"

嘿！哪有这么不讲理的家伙。我昂着头，问："我好心打招呼，怎么就不学无术啦？"

"第一，我是凤，不是凤凰。第二，我是雄性，不是女士。"

啊？还有这种说法？我傻了眼。

白泽小声对我解释："凤凰是两种鸟，凤是雄性，凰是雌性。汉代的司马相如曾经写过一首歌颂爱情的作品叫作《凤求凰》，后来还被谱成了古琴曲，流传千

古……”

原来如此！既然自己错了，我赶忙道歉说："凤先生，对不起，我错了。"

没想到凤先生还是很生气，又朝我喷了一团火。

我又说错什么了？我一脸茫然地看着白泽。

白泽用小爪子挠挠头，有些不确定地说："可能是因为，虽然它是雄性，但在人类的世界里，凤是皇后的象征，叫它'凤先生'也有点儿奇怪……"

"为什么雄性的凤会成为皇后的象征呢？"我小声地问。

"很早以前就是这样啦，大概人们觉得龙凤相对比较合适吧。"

"对啊！"我说，"我听老师讲过萧史弄玉的故事，萧史、弄玉每天在高台上弹琴吹箫，合奏十几年，他们的恩爱感动了天帝，天帝就派了一条赤龙、一只彩凤来接引他们成仙。看来那时，人们就认为龙和凤是成对的了。"

"说得不错！"凤先生终于不再吐火球了，和颜悦色地说，"这传说表明了，我们凤族和龙族一样高贵，也象征着吉祥、幸福。"

原来凤先生喜欢恭维，那我可得多说说。于是，我继续讲了起来："凤也是中华民族重要的图腾之一，据说商代人所崇尚的玄鸟，就是凤凰的一种。孔子就是商人的后裔，人们都称赞他像凤凰引导百鸟一样，引导世人……后来，人们还将能力出众的人称为'人中龙凤'。"

我讲得滔滔不绝，凤先生听得笑逐颜开，巨大的翅膀轻轻扇个不停，长长的五彩尾翼也摇曳不止，将整片天空都染得五彩氤氲。

神奇秘语

凤凰是种高贵的鸟，它们非梧桐树不栖息，非宝地不降落，非甘泉不饮啜，而且只有在天下太平，君主有道的时候才出现。凤凰一出现，一定有群鸟环绕、追随，人们只能远远望见其神采，却不能接近。每隔五百年，凤凰会重生一次。它们吐火点燃香木堆，扑入火中，让熊熊烈火焚烧自己的身躯，然后在烈焰中复活，这就是"凤凰涅槃"。

天 马

镇瓦兽小分队中下一个出场的是天马。

我想象中的天马是高贵、美丽、神秘、浪漫的，但坦白地讲，眼前的天马十分"其貌不扬"。白泽似乎看穿了我的心思，低声警告："想什么呢？还不快打个招呼，天马最不喜欢人家盯着它看了！"

"这真的是天马？你不会弄错了吧！还是故意'指狗为马'……"我话还没说完，只听嘭的一声，一只天马忽然出现在眼前，吓了我一大跳。它张着翅膀，噘着嘴巴，

眼睛瞪得溜圆。

"天马老兄，你可别生气，他什么都不懂！"白泽慌忙解释。

"本来就是嘛！"我看这天马有点儿可爱，生气也不吓人，就继续说，"你明明是个长着翅膀的狗狗，为什么非得叫'天马'呢？其实，和马相比，狗狗更可爱。"

天马仰起头，大声嘶鸣起来，发出清越震耳的叫声。

"天马不会说话吗？"我惊讶地问白泽。

"当然会了！不过人家懒得搭理你。"

"为什么呀？"

白泽将《兽谱》丢给我，说："你自己读读吧！"

我打开画册，找到天马篇，念道："天马也叫飞卢，样子如白狗，脑袋黑色，背上长着翅膀，一见到人就会腾空飞起……"

"原来你真是天马啊！"我赶紧道歉，"失敬，失敬！"

"不要以貌取人。"天马语气虽然还是冷冷的，但表情舒缓了不少。

"镇瓦兽中，有龙有凤，你能和它们同列，一定也是顶厉害的角色！"得罪了人家，得赶紧说点儿好话，这是我刚从凤先生那儿得来的经验。

天马听了，连忙摇头："故宫里比我厉害的神兽可多得是。"

"那怎么它们没有列入镇瓦兽中呢？"我问。

天马说："我之所以被安排在这里，是因为人们欣赏我们逍遥自在，而且我们常常与神龙相伴，这也提高了我们的地位。"

"天马可是神龙的前驱，每当龙老大要出场的时候，都会有天马开路。"白泽解释道，"它们可以称作龙的使者。"

"那就是了。难怪人们常说'龙马精神'，原来这里的马，就是经常伴着神龙的天马呀！"我恍然大悟。

"是的，是的！"天马说，"这是在称赞我们昂扬乐观，积极向上。还有'天马行空'，是称赞我们自由自在，无拘无束。"

天马说完，我转头对白泽说："关于天马的成语这么多，我怎么没听过赞扬你的呢？"

白泽眼睛一眯，笑着说："是啊！我哪比得上天马呢！人家天马懂得择善而处，成天与高贵又有德的神龙在一起，声誉自然高了。可我呢，只能陪着什么都不懂的调皮蛋一起做任务……"

好吧！知晓万物的家伙，斗起嘴来，果然不凡。我决定不再说话。天马在《兽谱》上签完名，嗖的一声，消失不见了。

白泽伸出小爪子，对我笑道："刚刚开玩笑啦，你可不要记在心上。其实，皮蛋，你一点儿也不傻——至少知道追随我这么博学多识又可爱透顶的小神兽……现在，快给我变出一罐可乐吧！"

"哼！休！想！皮蛋生气了，后果很严重。"我不搭理他，直接去找下一个神兽。

关于天马的传说很多。《西游记》中的齐天大圣孙悟空，就曾被骗到天宫中做弼马温，也就是照料天宫中的马。这些马能腾云驾雾，估计就是天马的同类。在古希腊神话中，也有匹著名的飞马，名叫佩加索斯，它背上长着翅膀，后来变成了天空中的飞马座。

狻猊

接下来的这位神兽名叫狻猊。

狻猊先生很热情，它咧开大嘴，露出尖利的獠牙，冲我微笑——笑声很甜，却吓得我心里毛毛的。

我努力不让自己发抖，拼命扯出一个比哭还难看的笑容，磕磕巴巴地说："狻猊先生，您——您好。"

"你好啊，皮蛋。" 狻猊先生的声音洪亮得像惊雷。它长得很像狮子，看起来非常威武，毛发是金黄色的，头上卷曲的鬃毛浓密又蓬松，尾巴尖上有一大团绣球般的茸毛。

《兽谱》里说，狻猊来自西域，以虎豹为食，牙齿像锋利的锯子，爪子像尖锐的钩子，耳朵垂下来贴在头上，鼻孔朝天。它们非常勇猛，雌性狻猊生下宝宝，还没满月就教宝宝学习搏斗和吼叫的技巧。

相传很久以前，诸王林立，国家与国家之间爆发了战争，百姓苦不堪言，恳求上天让战争早点结束。天神派下天兵，天兵骑着狻猊四处征战，很快制止了战乱。从此，狻猊便成了能够带来和平的祥瑞。

白泽悄悄对我说："心有猛虎，细嗅蔷薇。别看它很凶，可是它很温柔。"

就这一会儿工夫，白泽都学会这么多时髦的人类语言了！我对白泽的学习能力表示惊叹。

可我又想到一个问题："你不是说故宫里的神兽们都有工作吗，那天马和狻猊的工作是什么？"

"天马是邮差，负责给大家送信和包裹。狻猊是消防员，负责灭火。"白泽顿

了一下，"其实也不是所有神兽都有工作的，有些神兽觉得能住在皇宫里很威风，所以就自己跑来了。"

原来神兽也是爱面子的。

但是……

消防员？这跟我想象中的不太一样啊，我还以为狻猊先生会负责守门呢。

白泽说："神兽不可貌相。别看狻猊说起话来高声大气，但人家喜欢安静；也别看狻猊长相威武粗犷，它们可文雅得很呢！别的猛兽都到山林、草原上称王称霸，它们却喜欢到寺庙里听禅，一边听禅，一边吸食香炉的烟雾。连佛祖都被它们的耐心感动了，于是收了狻猊当坐骑。"

"原来是佛祖的坐骑，难怪能做镇瓦兽。"

"狻猊是瑞兽，又喜欢香气，所以人们常把它们雕刻在香炉上，让它们可以成天吞云吐雾，熏染香气。以后你再看到香炉时，多多留心一下，没准上面的图案就是狻猊。"

我还是很纳闷儿："说了这么多，你还是没解释它为什么是消防员啊。"

白泽哈哈大笑："狻猊把烟火气都吸走了，当然就不会发生火灾了。"

"原来是这样啊！"我恍然大悟，可脑海里却想象了一幅完全不同的景象：每当爸爸抽烟的时候，妈妈就会在一旁唠叨，说他又将屋子弄得乌烟瘴气——要是狻猊先生和老爸在一起就好了，他们并排坐在沙发上，一个吐烟，一个吸烟，各得其所，老妈也不会再抱怨了……

白泽似笑非笑地看着我说："这样的空气净化器，可不是一般人能养得起的呀！它要是冷不丁吼上一声……"

也是，这么大的嗓门，万一把街坊里哪位爷爷奶奶吓到，可不是什么小事，还是想想就算了吧！

狻猊，是"龙生九子"之一，排行第五，是龙与狮子形象的结合。它虽然喜静，却凶猛异常，专以凶猛的虎豹为食。据说，狻猊能分辨野兽的善恶，遇到不曾伤人的野兽，它就会将其放走；若是遇到伤人的野兽，狻猊就会扑过去，将其吞掉。人们将狻猊雕刻在香炉等摆设物件上，也是期望它能吞掉作祟的妖魔鬼怪，佑护家人。

獬豸

　　太和殿不愧是故宫乃至中国建筑史上独一无二的建筑，单单在镇瓦兽队列里，就能一下子找到好几位神兽。送走狻猊后，白泽对着它后面的神兽恭敬地说："獬豸先生，我们来拜访您啦！"

　　獬豸？好奇怪的名字。我仿佛听到一阵嗒嗒的蹄声，接着一头像传说中麒麟一样的动物跳了出来。它头顶正中长着一只山羊似的角，双目炯炯有神，被它一看，就像全身被冰气笼罩一般，不由自主地打寒战。

　　"獬豸先生，"白泽看出我的窘状，连忙解围，"不要一见面就用这种凌厉的目光招待我们嘛，我这朋友虽然没啥优点，但也是清清白白的好人哩！"

　　獬豸听了，目光变得柔和起来，然后忽然发出一声叹息："唉！老习惯啦，改不了。"

　　"怎么会养成这种习惯呢？"我想不明白。

　　白泽说："你不知道吧，獬豸先生可是赫赫有名的大法官呢！在尧舜时期，有一位正直的大臣名叫皋陶，禹任命他担任掌管刑法的'士师'。皋陶制定了刑法，建立起了中国最早的司法制度体系，被尊称为监狱之神。

　　"传说皋陶断案从不出错，就是因为有一头獬豸帮忙。每当遇到有疑问的案件，皋陶就将有嫌疑的人都带到獬豸的跟前，獬豸用角去撞击谁，谁就是犯人。因此，人们也叫它'任法兽'，把它当作法律和公正的象征。执法官们不仅把獬豸的图像供奉在官衙里，还把獬豸的形象绘在帽子上，称为'獬豸冠'，也叫'法冠'，执法者也被称为獬豸。"

　　"獬豸先生，原来您还是一位神探啊。"我崇拜地看着獬豸，请它在《兽谱》

上"签名"。

谁知獬豸一点儿也不开心，它叹气说："唉，别提了。能帮助人类判案我很开心，但他们觉得我能分辨犯人是因为我的角，所以都想拿走我的角，于是我只好躲起来了。为了躲避人类，我有时还会变成牛、鹿甚至是狮子的形态。"

原来又是我们人类惹的祸，我再次感到汗颜："这真是太不应该了，不过我们现在有动物保护法，这样的行为是违法的！"

白泽冷不丁地冒出一句："盗猎大象也是违法的，但还是有很多人去猎取象牙。"

我顿时就沉默了。每天都有很多动物死于人类的贪婪，因为人类要夺取它们的牙齿、鳍、皮毛、骨头……这些都是事实，我无法否认。

"不要难过，这不是你的错。我见过很多坏人，也见过很多好人，我很喜欢他们。你是好孩子，我也很喜欢你。"獬豸用它的独角轻轻蹭了我一下，温和地安慰我。

白泽也用它的小爪子摸了摸我的头，奶声奶气地说："别生气，我保证以后再也不电你了。"

我惊呆了："什么？我们都是朋友了，你竟然还想着要电我？"

"哎呀，不小心说漏嘴了……"白泽见势不妙，赶紧扑腾翅膀飞走了。

但是它忘记了，这里是我的梦境，我也能飞的。

"哪里跑！吃俺老孙一棒！"我变了一团筋斗云出来，模仿孙悟空的样子，腾云驾雾地追了上去。

神奇秘语

相传在春秋战国时期，齐国有两名大臣打了三年官司，始终无法分清谁对谁错。国君齐庄公就让廌——也就是神兽獬豸来判案。獬豸听两名大臣诵读诉状，其中一人顺利读完，轮到另一人的时候，还没读完一半，獬豸就冲过去用角把他撞翻了。于是，人们用"廌"字造了"灋"字，后来简化成了现在的"法"。

角 端

我追着白泽飞到太和殿里。

太和殿非常高大，装饰华丽。大殿中央的高台上摆设着皇帝的宝座，白泽降落在宝座上，冲我挥爪："快来感受一下皇帝的气派吧。"

我走上七层台阶，战战兢兢地坐了上去，顿时感觉一股"龙气"油然而生。我制造出了百官朝拜的幻象，模仿影视剧里皇帝上朝的样子，威严地说："众卿平身。"

白泽哈哈大笑："太和殿是举行盛大典礼的地方，皇帝不在这里上朝，不会出现这种场景的。"

这时，一只独角神兽突然蹦了出来，生气地冲着我们大喊："白泽，这小孩儿是谁，为什么坐在这里？"

白泽笑嘻嘻地说："他叫皮蛋，是我的朋友。皮蛋，这是角端，它也很博学，会说很多种语言。当然了，比我还是差了一点儿。"

"你的朋友也不能坐，只有贤德的君王才能坐这个宝座。"角端先生严肃地说。

我忍不住说："角端先生，我们国家早就没有君王了，这只是一把椅子而已。你干吗这么较真！"

角端先生沉默了，似乎陷入了思考。过了一会儿，它叹着气说："你说得对，皇帝都没啦！这只是一把椅子而已，只是一把椅子而已……"

我见角端先生似乎有些失落，便拿出《兽谱》，悄悄翻阅起来。上面写着：角端也叫角（lù）端，是出生在胡林国的一种神兽，似猪非猪，似牛非牛，鼻子上有一只独角。传言它一天能行一万八千里，通晓多国语言。若世间出现圣明君主，角端就会带着一本书出现在君王的身边。

原来历代的帝王们把角端放在自己的宝座旁边，意思就是"我是一个明君哦"。看来角端还真是祥兽呢。

"角端先生，为什么人们也叫你角端呢？"我好奇地问。

角端先生愤愤地说："都怪秦始皇，他说我只有一只角，不能和两角动物用同一个字，就给我改名为角端了。"

"角"字真的很像一只独角兽呢，我比画了一下，又安慰道："别生气，无论叫什么名字，大家都很尊敬你，要不怎么会将你雕刻在各种尊贵、重要的地方呢？"

"什么尊重呀！"角端忧伤地说，"其实我知道，你们只是利用我罢了！那些昏庸的君主，让我来装点门面；那些作恶的坏人，也用我来自欺欺人；更有甚者，汉代有个叫李陵的大将军，为了做一把好弓，竟一次杀了我的十个同胞……"

角端的诉说让我汗颜不已。我诚恳地说："是啊，的确有很多自私、虚伪的人类，但大多数人还是善良的。现在，社会变得比以前更加和谐美好，没人再伤害你们啦！"

白泽也在旁边点了点头，说："角端啊，要不你也和我出去转转，就不用再守着这个空椅子啦！"

角端摇了摇头："我还要继续守在这儿。"

"这是为什么呢？"我不解地问。

角端说："我已经想明白了，自己守护的不是哪个人，而是天下太平、社会美好的愿望。你们说现在的社会越来越好，那我就更要守在这儿了！"

角端先生在图册上点了一下，就不见了。我心中涌起一阵惆怅，这是个值得尊重的神兽，希望它能永远守住美好的愿望！

神奇秘语

相传，成吉思汗率军出征的时候，在路上见到过一只角端。他手下的大臣耶律楚材博学多闻，听说过角端的传说，赶紧对成吉思汗说："陛下，这是象征祥瑞的神兽，上天派它来告诫您，如果想要成为圣明的君主，就要停止战争和杀戮。"成吉思汗听从耶律楚材的劝告，停止了这次出征。

 # 大 象

"喂，别走啊！还有我呢！"

一个浑厚的声音从太和殿里传来。

这是谁在说话？我疑惑地看向白泽。

白泽拍拍自己的小脑袋："哎呀，忘记宝象了！"

我们赶紧回到太和殿，在宝座两侧的扶手边看到了两头驮着宝瓶的青铜大象。一头胖乎乎的白色小象站在一只大象背上，小眼神委屈极了："我就这么没有存在感吗？"

它的皮肤雪白雪白的，可爱极了，我惊叹道："我还没有见过白色的大象呢。"

《兽谱》上记载，大象来自云南、广东、日南（今天的越南）以及西域各国，有灰色的，也有白色的。白象只有西亚地区才有。

"原来你还是一个外国小朋友呢！" 我忍不住摸摸小象的大耳朵。它惬意地眯起眼睛，用大脑袋蹭我。

"它们为什么要驮着瓶子呢？"我指着青铜大象背上的宝瓶，好奇地问。

"哼？"小象歪着脑袋，懵懂地看着我，似乎听不懂我的话。

"不是所有神兽都能听懂人类语言的。"白泽用小爪子捂住嘴，看起来像是在偷笑，"如果遇到语言不通的神兽，你亲亲它们，就能正常交流了。"

小象这么可爱，我毫不犹豫地亲了一下它的大脑袋。

"很少有人愿意亲我们，你真是一个好皮蛋！"小象高兴极了，使劲蹭我，差点儿把我蹭了个屁股蹲儿。

白泽告诉我："大象象征国家稳固，宝瓶里放着五种谷物，合起来就是五谷丰登，

太平（瓶）有象。'象'和'祥'谐音，所以大象也是吉祥的象征。"

小象骄傲地说："别看我小，我可厉害了！我记性好，会游泳，大大的耳朵，长长的鼻子，能识别几千米以外的声音和气味！对了，我还是勇敢的战士呢！你听说过象兵吗？"

象兵，我当然听过。《三国演义》里的孟获就曾请来象兵，可惜被神机妙算的诸葛亮破掉了。到了明代，官军还在云南设置了"驯象所"，专门训练军象。

但看着小象一脸"我很厉害"的表情，我却觉得有些难过——实在无法想象，这么可爱的小象会被训练成战士，去战场上冲锋陷阵。

"大象凭借自己的勇敢、忠诚和善良，成了紫禁城中的皇家首席礼仪官。"白泽带我们来到御花园。

御花园里有两头跪着的铜象，它们佩戴着铜铃等装饰物，全身金灿灿的，温驯地跪在一块大石头上。白泽说："你猜这是什么意思？"

"不就是跪着的铜象吗？难道还有别的寓意？"

"不知道了吧！"白泽卖弄得手，满意地说，"这叫富贵（跪）吉祥（象）！"

富贵吉祥，好吧，能想出这么难懂的梗，看来以前的人们脑洞也很大啊。

我让小象在画册上签了名字。临别时，真有点儿依依不舍，我轻轻地拍着它的大脑袋，叮嘱道："我们要走了，你要保护好自己，不要被坏人抓去拔掉象牙。"小象也用鼻子卷着我的手臂，似乎在说：多待一会儿吧……

"看来你们还真有缘分呢。"白泽在一旁说，"不过，现在最迫切的任务是修好《兽谱》！要不……"

要不会有大麻烦——白泽强调过好几遍了，我看它不像随便说说的样子，也不敢懈怠，赶紧和小象告别，继续寻找其他神兽。

神奇秘语

象，力量巨大而性情温驯，自古以来就被人们视为高贵的瑞兽。尤其是在印度教、佛教等宗教文化里，象常作为神仙的坐骑，来体现它们性情柔和而有大势。

相传，佛陀的母亲摩耶夫人，在怀孕前也梦到了白象，所以佛陀有至高无上的智慧。《西游记》中，狮驼岭一节，也有一头白象为妖，那是普贤菩萨的坐骑，为六齿白象。

麒 麟
qí   lín

关于接下来去哪儿，白泽说翻开《兽谱》点兵点将，点到谁就是谁，但我觉得应该按照顺序来。到底听谁的意见呢？我提议用剪刀石头布来决定。

结果当然是我赢了——白泽的小爪子只能出石头。

白泽顿时紧张起来，不停地问："我帅不帅？我的皮毛干净吗？"

"《兽谱》里说，麒麟是中国的传统瑞兽，也是传说中的仁兽，性格温和，仁义厚道，你为什么要害怕啊？"我好奇地问。

白泽严肃地说："我才不是害怕呢，麒老大善良正直，我们都很崇拜它。慈宁宫门前有一对金麒麟，麒老大也在那，我们过去看看吧。"

"别的宫殿门口都是狮子守门，慈宁宫为什么是麒麟呢？"我有点儿纳闷儿。

白泽解释道："慈宁宫是皇太后居住的地方，皇太后是皇帝的母亲，为了给母亲祈福，皇帝就把人们最崇敬的麒麟请来守卫慈宁宫。我先给你科普一下吧，免得你等会儿见到麒老大又口不择言，说出惹人笑话的话来。"

"谁口不择言了，"我不服气地说，"我们好好唠唠……"

但白泽根本不理我，自顾自地科普起来，看来它对这次见面还真是重视呢。白泽说："古人认为世上最有灵性的动物是麒麟、凤凰、乌龟和龙，合称四灵，而麒麟就是四灵之首。它们能活两千年，代表着世间最大的祥瑞，因此，赞美杰出的人或者珍贵的物品是'凤毛麟角'，称赞别人家的孩子是'麒麟儿'……古人还把麒麟的形象绣在官员的衣服上，只有皇亲贵族才有资格穿戴。总之，麒老大不仅是我最崇拜的兽，也是世界上最受欢迎的兽……"

白泽介绍完，我们也走到慈宁宫外了。只见两只金麒麟威风凛凛地镇守在宫门外，就像我在《兽谱》里读到的那样，它们长着龙的脑袋、麋鹿的身体、牛的尾巴和马的蹄子，头顶正中长着一只肉肉的独角，皮肤是青黄色的。

麒麟和凤凰一样，有雌雄之分。雄的是麒，雌的是麟。我想：这次我总算不会再喊错了。

然而走近后，我还是傻眼了——两只金麒麟长得一模一样，完全分不出性别。

白泽走到左边的麒麟面前，恭恭敬敬地拱了拱小爪子："麒老大，我和皮蛋一定会尽快修复《兽谱》的。"

我也赶紧上前拜见："麒老大，您好。麟太太，您好。"

麒老大从金麒麟的身体里飘了出来，温和地说："你们好啊，两位小朋友。我太太出去逛街了，还没回来呢。"

神兽也会逛街？这个新奇的发现让我倍感亲切。不过……它会买些什么呢？好吃的？好玩的？漂亮的衣服？我非常好奇。

"麒老大，您的声音真好听，像是、像是……"我想了半天，也没找到合适的形容词，这让我深刻地体会到了什么是"书到用时方恨少"。

还是白泽帮我说了一句："像是古典高雅的音乐声。"

麒老大哈哈大笑："谢谢你们的赞美。"

我趁机拿出《兽谱》，请麒老大"签名"。

麒老大不仅修复了《兽谱》，还慷慨地在我衣服上签了名。它微笑着说："我

看见人类的明星就是这样做的。"

我激动地大喊："麒老大，您绝对是最受欢迎的神兽明星！"

古人称赞别人家的孩子是"麒麟儿"，这个故事跟孔子有关。

在孔子降生之前，有一只麒麟来到孔家，吐出一本玉书，上面写着："水精之子，系衰周而素王。"意思是孔子并非凡人，虽然没有帝王之位，却有帝王之德。

后来人们认为，麒麟不仅预兆着圣贤诞生，还能给没有孩子的家庭送来孩子。

zōu yú

驺虞

"皮蛋，你读过《诗经》吗？"白泽问我。

"当然读过。"我昂首挺胸，摇头晃脑地念道，"关关雎鸠，在河之洲……"

白泽又问："那你知道《诗经》里提到过什么神兽吗？"

《诗经》里还会提到神兽？我努力回忆自己读过的《诗经》里的句子，实在是想不到——看来，爷爷批评我读书不踏实是有道理的。

白泽笑嘻嘻地说："笨蛋，这还用想吗？《诗经》中说：'于嗟乎驺虞。'驺虞，就是这次我们要拜访的神兽啊！"

"听这名字很威武啊！"我说。

"的确威武。不过不用怕，这是一种仁慈的神兽。它们只吃自然死亡的生物，连小草都不忍心踩踏。在它的庇护下，野猪和它们的宝宝们都快乐地生活在郁郁葱葱的芦苇丛中。"

我感叹道："这是一个温暖的故事。"

然而白泽话锋一转："但是猎人把野猪赶出来，用弓箭射死了。"

"……"这个转折太突然了，我一时不知该说什么。

"历代的帝王认为，如果能看到驺虞，就表示自己是个英明的君主。晋代还有驺虞旗呢，两军交战时，如果有一方举起画着驺虞的旗，就表示主张和平，请求停战。"

我想了一下，这不就是举白旗投降吗？

我们在故宫的南苑找到了驺虞。南苑是清代帝王狩猎的地方，饲养着很多动物。正像《诗经》里说的，仁慈的驺虞会保护这些动物，却无法让它们逃脱被猎杀的厄运。

驺虞长得像老虎，尾巴比身体还长，皮毛是白色的，有黑色斑纹，看起来有点儿像斑点狗。我们找到它的时候，它正用尾巴卷起一只水壶，给植物浇水。没想到这种威武雄壮，能够日行千里的神兽，爱好居然是栽花种草。

"驺虞先生，您好！我是皮蛋，我不小心破坏了《兽谱》里的图案，需要神兽们帮忙修复一下。"我小心翼翼地走过去，生怕不小心踩到小草或者小蚂蚁，惹得仁慈的驺虞先生难过。

驺虞放下水壶，温和地说："没问题。"

我盯着水壶和植物看了一会儿，忍不住好奇地问："驺虞先生，听说您只吃自然死亡的生物，是真的吗？"

驺虞笑眯眯地点头。

"那……您岂不是只能吃老死的动物和枯萎的植物，这能好吃吗？"我迟疑地问。

驺虞愣了一下："我没有想过这个问题，对我们神兽来说，进食只是为了生存。"

"我们神兽也是兽，兽的本能就是生存。"白泽撇撇嘴，"不像你们人类，总是有很多的要求和欲望。"

"不过人类真的很聪明，他们发明出了很多我能吃的食物，我最喜欢的是人造肉，可好吃了。"驺虞像是变魔术一样，拿出一堆零食，"你要不要尝尝？"

"驺虞你竟然藏了这么多零食！"白泽扑上去就开始吃，"哇，这个很好吃！"

我"变"出三杯冰可乐，邀请驺虞先生品尝，它立刻就喜欢上了这种味道。

我和两只神兽坐在故宫的南苑里，一边聊天，一边吃零食喝可乐，这神奇又温馨的一幕将永远铭刻在我的记忆中。不知道驺虞和白泽会不会也记住我呢？

神奇秘语

关于驺虞的原型有几种说法，其中最接近的一种是雪豹。雪豹是生活在雪线附近的大型猫科动物，非常稀少。雪豹的白色毛皮中有黑色斑纹，尾巴又长又粗，符合驺虞的外形特征。雪山上食物稀少，雪豹会将猎物埋在雪地里储藏起来，或许这让人误以为它只吃自然死亡的生物。

桃拔

"咦，这个神兽的名字好奇怪啊，竟然叫挑拨？难道它喜欢挑拨离间？"我看着《兽谱》，吃惊地大喊。

白泽瞥了我一眼，用它的小奶音嘲笑道："没文化真可怕，竟然两个字都认错了。"

认错字了吗？我赶紧低下头，定睛一看，还真是，人家叫"桃拔"。我不好意思地挠挠头："嘿嘿，还好它没听见。"

"我听见了。"

一个声音幽幽地从旁边传来。

"谁？"我僵硬地扭头，顺着声音的方向看去。

一只可爱的小鹿站在不远处，用水汪汪的大眼睛看着我："我是挑拨呀，挑拨离间的挑拨。"

我竟然被一只小鹿嘲笑了！

谁让自己粗心呢，得赶紧弥补。我努力挤出一个又大又灿烂的笑容，说："这么伶俐可爱的神兽，怎么会叫'挑拨'呢！您一定就是我们要找的桃拔吧？'桃拔'多好听，朗朗上口，一听就是瑞兽！"

"对呀，对呀。"小鹿听了我的赞美，转怒为喜，全身发出一层淡淡的绿光，体形逐渐变大，很快就变成了一只长着长尾巴的鹿，然后笑眯眯地说，"这才是我本来的样子。"

我吓了一跳，结结巴巴地问："的确更威武了，可——可是，你为什么没有角？"

桃拔晃晃脑袋，一道绿光闪过，头顶上就长出了一只鹿角！它顽皮地说："你看，

我现在有角了。"

"……"

桃拔又晃了晃脑袋，一只鹿角变成了两只鹿角！

"……"我已经完全石化了。

白泽笑得在地上直打滚，好心地为我解惑："桃拔有三种形态，没有角的叫符拔，一只角的叫天鹿，两只角的叫辟邪。"

白泽接着说："叫符拔和辟邪的时候，桃拔可以辟邪和祈福，人们会把它们做成装饰品放在家里，或者雕刻在一些常用的物品上面。而天鹿就是天禄，人们认为桃拔的这种形态能留住福禄，所以古人常在坟墓前摆放这样的石像，以保护墓主人的灵魂。"

原来如此！我忍不住摸了摸桃拔的角，惊叹："这可真是太神奇了！"

桃拔郁闷地叹了口气："可我一点儿也不想被当成镇墓兽，实在是太无聊了，有时候几百年都没有人跟我说话。"

"这的确很无聊。"我同情地说。

"不过现在没人把我做成镇墓兽了，悄悄告诉你，我还回了一趟老家呢！" 桃拔兴奋极了，"安息国，就是现在你们说的伊朗那边。我趁着一次文物交流展览的机会，悄悄混在文物里面去的，还坐了飞机呢！飞机真是太神奇了，比我们神兽还神奇！"

这就是科学的力量，不过在我看来，还是神兽们更加有趣一些。科学太理性，要遵守各种规则、定理，哪有和各种神兽打交道这般神奇莫测、趣味多多呢！但既然桃拔感兴趣，我就想了想，"变"出一架飞机模型，送给它当作修复《兽谱》的礼物。

桃拔高兴极了，把模型捧在手里来回翻看。当然，作为回报，它也送给了我一份小礼物——一只用桃木雕刻的辟邪形态的桃拔。它说："希望能为你带来好运。"

"桃拔亲自做的护符呀！"白泽看得直咂嘴，"这可是好东西。"

"再好的护符也没有你好啊！跟着你，我才有这么多的精彩经历。"我赶紧恭维道。

小家伙一听，脸上顿时笑开了花——看来我已经找到和它打交道的秘诀了。

神奇秘语

桃拔既可辟邪，又能祈福，古人常将带钩、印纽、钟纽等小物件，做成它的形状，来寄托无灾无疾、福禄延年的美好愿望。

相传，人死之后，桃拔还能背负人的灵魂飞升上天，所以人们又常将其放置在墓前，作为镇墓的神兽。

sì

兕

虽然已经见过了好几个神兽，但当我看到兕的时候，还是忍不住吃惊地喊道："这头大犀牛可真大啊！"

眼前的兕简直像座小山一样，全身披着墨绿色的皮肤，头顶上长着一只巨大的角，跟我在电视中看到的犀牛非常相似。唯一不同的是，犀牛有两只角，兕只有一只，这让我有点儿不确定。

白泽趴在我耳边悄声说："关于兕到底是不是犀牛，一直以来都有点儿疑问。很多人都认为，兕其实就是雌性的犀牛。"

这还是我第一次遇到女神兽，心情有点儿激动，赶紧恭敬有礼地说："兕小姐，您好啊！"

兕小姐似乎愣了一下，然后盯着我，突然瞪大眼睛，低下头，用角对准我，冲了过来。

"哎？您别激动啊！"我吓了一大跳，赶紧飞了起来。还好这是我的梦境，我有飞腾跳跃的本领，不然非得被它的角撞得头破血流不可。

白泽也飞了起来，哇哇大叫："喂喂喂，这么多年不见，你怎么还是这么暴躁啊？"

兕小姐气愤地大吼："他是人类！人类最坏了。他们不仅割我们的角拿去做酒杯，扒我们的皮做兕甲，还为了取乐随意射杀我们！"

又帮人类祖先背了锅！我郁闷得简直快要哭了。

白泽赶紧替我说好话："他叫皮蛋，是个好孩子，跟滥杀动物的人不一样。他在帮我找回走失的神兽们，神兽们都很喜欢他，就连麒老大也很欣赏他呢！"

"真的吗？"兕小姐将信将疑地看着我，"白泽是我们的智多星，既然它这样

49

说，那我就暂且相信你。希望你不会让我们失望。"

我郑重地说："我一定不会辜负你们的信任的！"

"唉！"兕小姐叹息道，"我们世世代代居住在舜长眠的苍梧山之东，湘水之南。白天，我们在苍梧山郁郁葱葱的山坡上玩耍。夜晚，我们到清澈的湘水边沐浴饮水。整日无忧无虑，快乐极了。可是有一天，人类的猎人捕杀了一只兕，发现它的角比犀牛的角更加细腻华美，就做成酒杯奉献给了贵族们。等到他们又发现我们的皮特别厚实，做成防身的铠甲可以使用两百年之后，我们的浩劫就来了。贵族们带着士兵、猎人，成群结队地闯入山中，我们躲到哪里，他们就追到哪里。我的同类一头头倒在长矛、箭矢之下，落到陷阱、罗网之中。虽然已经过了几千年，但它们那绝望的眼神、忧伤的悲鸣，仿佛就在眼前、耳边……"

说到这里，兕小姐的声音都颤抖了，眼睛里噙满了泪水。

我难过极了，也哽咽着说："回去以后，我一定会把这些事情告诉所有的人，号召大家不要再伤害任何动物了。"

"谢谢你，皮蛋。"兕小姐感动地伸出"手"，"很高兴认识你。"

我赶紧握住兕小姐的"手"，好嘛，它的手实在太有分量了，差点儿把我摁进土里。

"哈哈哈，"白泽幸灾乐祸地笑道，"忘记提醒你了，兕的体重有一千斤呢！是名副其实的千斤大小姐。"

"白泽你闭嘴，女孩子的体重是秘密啊！"兕小姐假装生气地大吼。

兕小姐虽然看起来很凶，却是一位很可爱的女孩子呢。

神奇秘语

兕是灵兽，《西游记》中就提到了一位青兕大王，它是太上老君的坐骑，神通广大，给取经的师徒造成了很大麻烦。

相传，宋代大词人辛弃疾就是天上青兕下凡。有一次，辛弃疾追赶一个叛徒，叛徒见要被追上，想回马打斗，哪知一转头，却看到一头巨大的青兕，怒目圆睁，扑向自己，他顿时吓得碎心裂胆，跌落马下，束手就擒。

九尾狐

在继续前行的道路上，一个小婴儿突然出现在我们面前，坐在地上，挥舞小拳头，奶凶奶凶地大喊："此山是我开，此树是我栽，要想过此路，留下买路财！"

它穿着红兜肚，额头上留着小桃子发型，白白胖胖的，别提多可爱了。我赶紧后退几步，生怕踩到这个可爱的小宝宝。

白泽也用它的小奶音喊道："何方妖孽，报上名来！"

"狗说话了！妖怪啊！"

"婴儿说话才是妖怪！"

两个小家伙吵了起来，对此我有点儿手足无措。突然它们都盯着我，异口同声地问："你说，谁是妖怪！你说，谁是妖怪！"

白泽虽然是我的好朋友，可这小婴儿一看就不简单。我谁也不想得罪，只好闭上眼睛，无奈地回答："其实吧，我才是妖怪。"

"哈哈哈……"小婴儿哈哈大笑，笑声逐渐从婴儿声音变成了年轻女孩的声音，外形也从婴儿变成了一只长着九条尾巴的白色狐狸。它眯起眼睛，幽幽地说："你这孩子果然很有趣，跟别的人类不一样。"

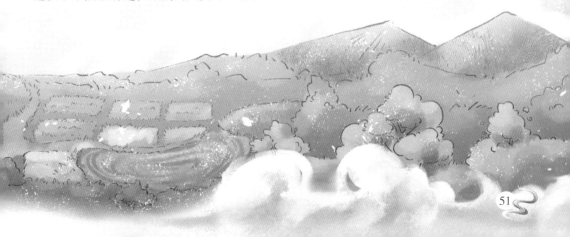

孩子？好像你有多大似的！我本想大声反驳，可不知为何，声音就是冲不出口——白狐的声音真是太好听了，空灵、缥缈，我从来没听到过。那声音似乎有魔力，像绳子一样，从耳朵钻进来，在人的身体中游荡，把你的心、舌头都束缚住了。

　　"别不服气。"白狐笑道，"我是九尾狐。或许你听过我的名字和故事。告诉你吧，我已经上千岁了。"

　　九尾狐！我的脑子里顿时冒出几个关键词：封神榜！妲己！狐狸精！祸害人间！

　　"呵……"九尾狐轻蔑地笑了一声，"人类就知道记着人家的恶，我做过的善事也不比谁少啊！你难道不知道，我最初就是爱情和幸福的象征？"

　　我诚实地摇摇头——的确不知道。

　　"哼！"九尾狐失望又气愤地说，"你们的祖先大禹，就是我们做的媒。"

　　"真的吗？"我感到不可置信。

　　"当然了。我从不骗小孩子。当初，大禹治水时经过涂山，遇到了一只九尾狐。九尾狐将他引到附近的涂山氏部族中，让他看到了当地最美丽的姑娘女娇，并与其结为夫妻。汉代，人们经常把我们和兔子、蟾蜍一起摆放在西王母的身边，认为我们是国家昌盛的预兆……"回忆起家族曾经的辉煌，九尾狐的眼神里充满怀念和向往。

　　"那后来为什么……"

"从唐代开始，我们的形象就慢慢地改变了，从祥瑞变成了妖孽，迷惑人类，为害人间——例如《封神榜》。其实，哪里是我们变了，只不过是人心变了！人类不从自己身上找原因，却把亡国、害人的污水泼到我们身上，真是无处说理啊！"

我觉得它说的有道理，不过心中还是暗想，九尾狐的名声这么不好，为什么会出现在这儿呢？难道故宫中有人也为它建了塑像什么的？

"哼！"九尾狐冷冷一笑，"没人请我来，我是自己来的。我倒要看看，没有我们，这皇城中就不出昏君了吗！"

看来它还真是用心良苦呢，我不知道怎么回答，只能安慰："我觉得你挺好的，真的……回去以后，我一定会把你的故事告诉大家！"

"谢谢你，但是不用了。"九尾狐豁达地说，"时代在变化，没准儿哪天我们又变成祥瑞了，谁能说得准呢！"

《山海经》中记载，在青丘山中生活着一种九尾狐，它们十分狡猾，能装出婴儿的叫声。路过的人，若被声音吸引，就中了它们的圈套。九尾狐躲在暗处，乘人不备时，将人扑倒、吃掉，被它们伤害的人很多。这也警示我们，在荒山野岭之处，听到可疑的声音，一定要小心谨慎。

飞鼠

　　我正在翻阅《兽谱》，寻找下一个目标，忽然一个黑影向我飞扑过来，我本能地用《兽谱》挡住脸，没想到黑影竟然顺势把《兽谱》抢走了！

　　"喂，你是谁啊，快把东西还给我！"我赶紧追了上去。

　　白泽气得直跳脚："谁这么大胆，竟敢抢白泽大人的东西！"

　　我和白泽追着黑影，不知不觉来到了一座花园。花园里有很多假山和树木，黑影一下子失去了踪迹。

　　"你不是通晓世间之事吗，快想想那个黑影是什么。"

　　白泽不高兴地说："我博学多才，但不是侦探。"忽然它"咦"了一声，诧异地说："这不是御花园吗？这家伙来这儿干吗？"

　　"是不是某种动物啊？要是有条警犬就好了，可以帮我们找。"我突发奇想。

　　对啊，我可以变出警犬啊！

　　说干就干，我集中意念，默念"我要一条警犬"。刚念完，一条威风凛凛的黑色警犬就出现在我面前。我给它取名叫小黑。我让小黑嗅了我的衣袖——我的衣袖被黑影碰到过，然后给它发了追踪指令。小黑左拐右拐，很快来到一座假山下，我走过去仔细查看，发现假山竟是空的，中间隐藏着一处洞穴。

　　"看来是个打洞的伙计！"白泽用小爪子托着下巴，若有所思地说，"到底是谁呢？"

　　"小黑进去，不管是谁都把它揪出来！"我这么一下令，虎视眈眈的小黑，龇着牙就要往里冲。

　　大概是感觉到了危险，一个尖细的、颤抖的声音立时从洞里传来："别进来！

你们快让它走开，我把《兽谱》还给你们。"

我同意了这个要求，招呼小黑回来，狗儿得到命令，听话地退到我身后。

一个小脑袋从洞里小心翼翼地探出来，用一双又大又黑的眼睛打量我们，看起来可怜极了。

我吓得跳了起来，大喊："老鼠！"

——本皮蛋天不怕地不怕，就怕老鼠！

白泽乐了："这不是老鼠，是飞鼠。"

我反驳道："会飞的老鼠就不是老鼠了吗？"

山洞里的小家伙怯生生地说："你也可以叫我寒号鸟……"

啥啥啥？一只老鼠竟然说自己是鸟？我正要哈哈大笑，突然想起一篇课文，就叫《寒号鸟》，老师讲课时也提到过寒号鸟不是鸟，而是一种长得像鼯鼠的动物，难道就是这家伙？

我问它为什么要抢走《兽谱》，飞鼠忸怩了好一会儿，才小声说："我看到你们在找神兽签名，可找的都是厉害的神兽……我也想签名，我的梦想就是做大明星……"

"急什么啊！"白泽说，"你的名字也在里面，我们早晚会找你的。"

"嘿嘿！"飞鼠听了，嬉笑着说，"晚签不如早签嘛，现在的人不也都说'出名要趁早'嘛，我们飞鼠素来默默无闻，如今我也要顺应时代争做'出名鼠''网红鼠'……"

看来它的野心还不小嘛！好吧，君子成人之美，我一动念头，周围的环境就幻化成了一个大舞台，飞鼠站在灯光璀璨的舞台中央，周围传来各种疯狂的欢呼声。我和白泽扮成两个最疯狂的粉丝，将《兽谱》递到飞鼠的跟前："飞仔、飞仔，天下最跩！快给我们签名吧！"

飞鼠高兴坏了，拿着毛笔龙飞凤舞地扭了起来，在《兽谱》上写了行大大的狂草。

看到飞鼠这么高兴，我本想再待一会儿，白泽却扯着我的衣服说："趁幻境还未消失，我们赶紧溜吧！不然，等会儿它缠上你，你就麻烦啦！"

也是，我发现制造幻境是要消耗精力的，我可不想再变出一座大舞台，于是立刻拉着白泽逃之夭夭。

神奇秘语

　　飞鼠也叫鼯鼠，属于松鼠科鼯鼠族，喜欢独居，白天躲在洞穴或者树洞里休息，夜晚外出觅食。飞鼠的四肢和身体之间长着毛茸茸的翼膜，这就是它们的"翅膀"。但飞鼠不能飞翔，只能在树和地面之间滑翔。

　　传说中的寒号鸟就是飞鼠，但飞鼠一点儿也不懒，它们总是把小窝整理得干净舒适。

穷奇

听说接下来要去拜访的是穷奇，我害怕极了。要知道，穷奇是四大凶兽之一，邪恶的象征。最重要的是，穷奇要吃人！

我用颤抖的声音问："白泽，你确定在故宫里能找到穷奇吗？"

"确定，确定。穷奇喜欢看热闹，这么多神兽聚集的地方，肯定少不了它。"

"那你确定，在梦境中，我们不会受到伤害吗？"

"这个嘛，"白泽皱着眉头说，"按道理，在你的梦境里我们是安全的，可穷奇太过强大，连我也无法确定了。不过，只要我们好好扮坏人，它肯定不会为难我们的。"

"扮坏人？"

"对的！越坏越好。因为穷奇有个怪癖——惩善扬恶。遇到坏人、恶人，它就称赞、奖赏；遇到好人、善人，它就大发雷霆，甚至伤害。"

为了修复《兽谱》，只好这样了。我说："那我就勉为其难，装一次大坏蛋，我们快去找穷奇吧！"

"不用找，不用找！"白泽说，"找也找不到，不如让它来找我们。"

"怎么让它来找我们？"

"我们装样子打一架！"白泽小声说，"穷奇最喜欢看人打架，我们一动手，它肯定出来！"说完，还没等我回答，白泽就一下将我扑倒，装出龇牙咧嘴要撕咬的样子。我自然也不甘示弱，一边呼喝着，一边假装和它相互扭打。

还不到半刻钟，只听旁边风声乍起，一个巨大的黑影朝我们压来。"皮蛋快躲开！"白泽拉着我滚到一旁。我起身一看，一只长得像牛的长尾巴怪兽正凶狠地盯

着我们。

"为什么在这里打架？"它尖刻的声音让人不寒而栗。

"穷奇大哥，这是个大坏蛋，专门来故宫捣乱的！"白泽指着我说。

"我不……"我刚要辩解，白泽一巴掌拍在我的嘴上，对我紧使眼色。

我想起穷奇的爱好，连忙改口说："我不仅是个大坏蛋，还是大骗子、大强盗，我来这儿就是要找人打架，将故宫砸个稀烂……"

"哎呀！"穷奇听我这么一说，整个神态都变了，"这想法好，我欣赏你！"它上下打量，看得我心里直打鼓。不一会儿，它笑着说："不错，不错，是个坏东西，等我一会儿。"说完就消失不见了。

几分钟后，穷奇回来了，嘴里叼着一只不认识的野兽。它把已经死去的野兽扔在我脚下，豪迈地说："这是奖励你的！"

这……这是什么情况？我被弄得一头雾水。白泽悄悄告诉我："穷奇如果遇到好人，就跑去咬掉人家的鼻子；如果遇到了坏蛋，就捕杀野兽送给对方当奖励。"

没想到穷奇是这样的神兽！我心情复杂地说："多谢穷奇大哥……"

穷奇哈哈大笑："客气客气，你以后多做坏事，就是对我最好的感谢了！"

我突然觉得，穷奇除了想法有点儿奇怪，还是挺热心的。于是鼓起勇气问："穷奇大哥，我一直很好奇，你为什么叫穷奇呢？"

穷奇想了想，回答："穷，就是穷凶极恶；奇，就是怪僻不经。我就是要做个独树一帜、与众不同的大坏兽！"

"好想法，好志向！穷奇大哥可真是我们坏蛋的榜样啊！"我赶紧竖起大拇指。

穷奇大概好久没听到这么顺耳的称赞了，咧着大嘴笑个不停，又说："你可真有眼光！你等着，我去给你抓一只大家伙，要犀牛还是狮子？"

我听得冷汗都冒出来了，赶紧捧出《兽谱》："您给我签个名就行了，人类崇拜谁，就找人家要签名。"

穷奇高高兴兴地"签了名"，心满意足地继续去寻找恶人了。

穷奇与混沌、梼杌、饕餮并称上古四大凶兽。它性情最为怪异，喜欢恶，厌恶善，奖励坏人，惩罚好人。但有时它也会有点儿善行——在古代举行逐疫仪式的时候，主管驱疫辟邪的官员方相氏会带领十二种异兽游行，穷奇就是其中之一，负责吃掉害人的蛊虫。

酋耳

"九尾狐、飞鼠、穷奇……这故宫里的怪兽可真多！"

"别着急，慢慢看，还有更怪的呢！比如……"白泽的话还没说完，忽然一个巨大的影子像风一样从我们前面掠过，吓得我一激灵。

"老虎？好大一只啊！"

"我看不像。"白泽说，"这身手可比老虎快多了。"

"可我分明看到它身上有老虎一样的花纹呀！"

"神兽里有虎纹的可多了，"白泽说道，"皮蛋，快把《兽谱》拿来。"

　　我递过《兽谱》，白泽打开一页，指着上面的文字说："我看就是它！这位仁兄神出鬼没，既然碰到了，得赶紧让它签名，否则又不知去哪里找了。"

　　我向纸上看去，只见上面写着：酋耳，出英林山。形类虎，尾长于身，食虎豹……

　　原来大老虎叫"酋耳"，得赶紧把它叫回来，于是我放声大叫："酋耳！酋耳先生，快过来呀！"可是，叫了老半天，一点儿回应都没有。

　　白泽笑着对我说："这可不行。"

　　"那该怎么办呢？"

　　"看我的！"白泽说完，扯着它的小嗓子嚷道，"哎呀！老虎啊！这里有老虎啊，大家快跑……"

　　"哪里有老虎！"震耳的声音从远处传来，真是未见其面，先闻其声。

"快幻化出一只老虎！"白泽连忙吩咐。我立刻照做。假老虎刚刚变出来，酋耳就跃到了我们跟前，一下扑倒假老虎，用尖利的獠牙将其咬死。

我打量它，果然比老虎大多了，花纹也更加斑斓、鲜艳。它顾不得我们，用利爪剖开假老虎的肚子，在里面翻了翻，摇着头说："唉！可惜又没有！"

虽然我很害怕，但还是按捺不住好奇心，问："酋耳先生，您在找什么？"

"还能找什么？当然是找獦啊！"酋耳不耐烦地冲我吼叫。

我用眼神问白泽：獦是什么？

白泽悄悄地说："獦是一种小型寄生兽，它们没有骨头，让老虎和豹子吞掉自己，然后在虎豹的肚子里吃掉它们的内脏。酋耳喜欢捕杀老虎和豹子，但不吃它们，而是寻找它们体内的獦。"

原来如此！

酋耳耷拉着大脑袋，沮丧地坐在地上，嘟哝道："好久没找到獦了，真怀念那美味啊！唉！还是古时候好，老虎到处都是，杀掉它们还会被百姓奉为英雄。可现在老虎越来越少……"

作为一个美食爱好者，我非常理解酋耳先生的心情。于是我"变"出一大堆零食，安慰它说："其实世界上还有很多别的美食，您要不要试试看？"

酋耳好奇地看着这些零食，用毛茸茸的大爪子拨来拨去，可就是不吃，继续嘟哝："我可不会随便来到人间，只有当君主威名远扬的时候才会出现。武则天你知道吧，她当女皇的时候，涪州老虎成灾。附近百姓害怕极了，祈求上天消灭这些老虎。我的一位祖先来到这里，帮助他们除掉了祸害，老百姓还建立祠堂祭祀我们呢！"

哎呀，原来这位美食大家还是打虎英雄呢，真是失敬！不过，我还是得告诉它："酋耳先生，您家族的光荣事迹，真让人敬佩。不过，现在呢，老虎已经不多啦，还成了保护动物，不能再随便猎杀它们了，您的饮食习惯也得改改了……"

酋耳皱起了大眉头。这时，白泽靠过去，在酋耳的耳边悄悄说了几句话。

"真的？"酉耳的眉头舒展开，脸上又露出了笑容，还痛痛快快地主动在《兽谱》上签了名，然后告辞离去。临走的时候，它还挥着大爪子，对我打招呼，弄得我一头雾水。

神奇秘语

现实中，也有一种长得像老虎，但比老虎更大的动物——狮虎兽。狮虎兽是狮子和老虎生下的后代，同时具有狮子和老虎的外貌特征，长着狮子的脑袋和老虎的身体，体形巨大。但因为脑袋太大，狮虎兽奔跑起来笨笨的，而且性情也不像老虎、狮子那样凶猛。看来，它们只是外形近似于酉耳，并非酉耳本尊。

龙 马

"白泽，你对酉耳说了什么？"

"这可是秘密，我怎么能随便透露呢！"小家伙说完，嗖的一声，就跳上了墙壁，向远处跑去。

我跟在后面，紧紧追赶。就这样，我们竟在金碧辉煌的紫禁城中玩起了跑酷。那种在梦境中奔驰的感觉实在是太爽了，一道道的房梁、一排排的墙脊在眼前出现，又在脚下消失。我们一会儿变大，从庭院间跃过；一会儿变小，在假山、树枝间穿梭……

一眨眼就跑到了昆明湖边，我正打算来个超帅的"飞跃紫禁之巅"，突然有什

么东西拽住了我的衣服，把我从空中拽了下去。

　　我大惊失色，在脸部着地之前赶紧飞了起来，这才避免了一场灾难。

　　"谁干的？！"我气得暴跳如雷。

　　"是我。"一个慢吞吞的声音传来。

　　"你是谁？"我四处张望，但是什么也没看见。

　　"我是龙马。"

　　"到底是龙还是马？"

　　昆明湖的水面卷起了巨大的漩涡，一匹长着翅膀的骏马从漩涡中间飞了出来。

骏马慢吞吞地说："不是龙，也不是马，我是龙马。"

　　我仔细一看，是一匹长着龙脑袋和长脖子的马。

　　白泽悄悄告诉我："它是龙和天马的后代。"

"哦，原来是混血儿。"我恍然大悟。

没想到说话一直慢吞吞的龙马突然奓（zhà）毛了，生气地大吼："你们不要胡说！我才不是什么混血儿，我是水之精华凝结而成的神兽，肩负着拯救天下的重要使命！"

"什么使命？"我好奇地问。

"拯救天下！拯救你们人类！"龙马把头一昂，展现出一副夸功自大的样子。

"吹牛！"白泽和我异口同声地说。

"我才没吹牛！"龙马有些急了，跳到我们面前，郑重地说，"伏羲知道吧？八卦知道吧？河图知道吧？当年你们人类蒙昧无知，一个叫伏羲的人，跑到黄河边上思考人生，想要弄清天地和宇宙的运行规律，却怎么也想不出来。是我看他虔诚，可怜你们，才从黄河的巨大漩涡中跳出去，改变了你们的命运！"

"你往外一跳，人类命运就改变了？"我有点儿怀疑。

"我可不是空手去的。我跳出去时，将背上的一张图交给了伏羲，这就是大名鼎鼎的河图。伏羲就从这张图中得到启发，发明了八卦，用它来解释世间万物的运行规律。所以，我就是你们人类的大救星，是吉祥的象征！"龙马得意扬扬地仰起龙头，"现在明白了吧，我是多么伟大，多么重要！"

"我明白了，"我抓住时机，赶紧把《兽谱》递给它，"在我们人类世界，遇到像您这样重要的人就会找他签名。所以，请您也给我签个名吧！"

龙马的眼睛都亮了，但还是故作矜持地接过毛笔，一边签名一边碎碎念："对了，你得记住，龙马精神这个成语说的是我，才不是天马那个小家伙呢，记住了吗？千万不能搞错了……"

"记住了！记住了！"我和白泽赶紧收起《兽谱》，免得让龙马大嘴巴喷出的水珠再将它弄湿。

"龙马！你刚才为什么从水里出来？"我笑嘻嘻地问，"你不是只见圣人吗？难道……"

"什么呀！"龙马的头摇得像大号拨浪鼓，"圣人可不是那么好遇到的，我只不过出来透透气而已，至于碰到什么阿猫阿狗也是常事……"

"谁是阿猫阿狗！"我和白泽异口同声地质问道。

"哈哈，哈哈！我只是做个比喻……"龙马知道自己说错了话，一扭身跳入水中不见了，把我和白泽留在岸上面面相觑。

龙马是天地之间非常有灵性的神兽，它们长着马的躯体、龙的头部，身上也披着龙鳞，高大类似骆驼，长有巨大的翅膀，能潜水，能飞翔。

相传，有圣人出现的时候，龙马就会从黄河的滚滚波涛中跃出，背上还背着神秘的河图。参透河图，就能通晓天地万物之道。

鹿蜀

奔波这么久，尤其是刚才那段紧张的跑酷后，我已经有点儿累了。于是，变出一把大大的竹椅——比爷爷的那把还要大，然后舒服地往上一躺，心想：要是天天都这样自由自在，随心所欲可真好！

白泽抱起《兽谱》，坐在旁边的栏杆上，一页页翻弄着。忽然，它眉头紧锁，一只小爪子托住下巴，一只小爪子嗒嗒嗒地敲打栏杆，说："哎呀，鹿蜀怎么也跑掉了。这可难办了！"

难得看见白泽犯愁的样子，我心中竟然有点儿幸灾乐祸，懒洋洋地问："鹿蜀是谁啊？它很凶吗？是不是和你有什么过节？"

"我这么可爱的神兽，怎么会和谁有过节！"白泽摆出一副不屑置辩的样子，继而又叹了口气，说，"鹿蜀一点儿也不凶，相反它们特别温和。"

"那请它们签名有什么困难的？难道它们不在故宫里？"

"不在啦……"白泽摇摇头。

"在哪？我们一起去找。"

"唉！哪也不在，它们已经灭绝了。"

"啥？"我吃惊得跳了起来，"神兽也会灭绝吗？不对啊，灭绝了怎么会从《兽谱》里跑出去？"

"那不是真正的鹿蜀。"白泽用它的小奶音发出深沉的叹息，为我讲述了一个悲伤的故事。

鹿蜀生活在杻阳山，长得像马，花纹像老虎，脑袋是白色的，尾巴是红色的。它们经常成群结队地在草地上奔跑，鸣叫，过着逍遥快乐的生活。

有一天，人类来到了杻阳山，他们听到鹿蜀的叫声，觉得像是有人在唱歌，非常优美动听，就把鹿蜀捕回去当奇兽养着。

后来又有人偶然发现，用鹿蜀的皮毛做成衣服，不仅好看，还有一个奇特的功能——能让穿着衣服的人儿孙满堂。对重视子孙后代的古人来说，这是一个天大的好消息，但是对鹿蜀而言却是灭顶之灾。

从此，杻阳山变成了猎人的天堂、鹿蜀的炼狱。随着鹿蜀的数量快速减少，猎人们不再遵守古老的狩猎法则，他们将怀孕的母鹿蜀和鹿蜀幼崽全都捕杀了……《兽谱》中的那只鹿蜀，据说并非真正的鹿蜀，而是编写这本图册的人，找到一件用鹿蜀皮毛制作的衣服，用神秘的法术召唤出来的鹿蜀的灵魂。现在它跑掉了，恐怕我们就再也见不到它了。

可怜的鹿蜀！我心里涌起一阵悲伤、愤怒。人类怎么总是这个样子，为了自己的利益，就残忍地伤害其他动物；为了让自己子孙如云，就让无辜、善良的鹿蜀们彻底灭绝！难道这样得来的衣服，真能带来幸运吗？

"这不是你的过错。"白泽拍拍我的肩膀，安慰道，"过去的事，已经很难弥补了，我们要做的就是不让更多的悲剧再次出现。世上需要更多有你这样想法的人……"

"放心吧！"我说，"我将来一定将这些动物的故事告诉所有的人，让大家'人所不欲，勿施于兽'，和所有的动物和谐相处！不过……找不到鹿蜀的话，我们怎么恢复《兽谱》呢？"

"恐怕修复不好了。"白泽也有些失落。

"不如我们把这页撕掉吧！"我说，"鹿蜀的遭遇实在是太悲惨了，就让人们永远遗忘它们，再也不要去打扰它们的灵魂。"

"You are the boss。"白泽两只小爪子一摊，装出十分无奈的表情。

但我知道它其实很高兴，因为我听见它小声嘀咕："真希望人们也能忘记我，不要老惦记着拔我的毛去做毛笔。"

长得像马，花纹像老虎，头是白色的，是不是很像斑马？但鹿蜀的尾巴是红色的，斑马的尾巴不是。在非洲有一种名叫霍加狓的动物，它比斑马更加接近鹿蜀的外形特征——外形像马，斑纹像虎，白脑袋，红尾巴。虽然它看上去更像一匹马，但是在生物学上，它属于长颈鹿科，这可真的是"指鹿为马"了。

乘 黄

  我和白泽正为鹿蜀的悲惨遭遇感慨万千，忽然，一只头顶上长着一只角的黄色狐狸跳到我面前，笑嘻嘻地说："嘿，小孩儿，往者不可谏，来者犹可追。你能不能把我的那一页也撕掉呢？"

  "那可不行！"我还没开口，白泽就抢过《兽谱》，紧紧抱住，说，"鹿蜀是因为灭亡了，所以才能撕掉。别的神兽可不行，那样会出大乱子的！"

"是啊，是啊！不能撕。我们来这儿到处拜访神兽，就是为了修补《兽谱》……"我也赶紧附和。

"唉！你们这两个家伙，真是死脑筋。有什么可怕的，生活这么平淡，越出乱子越好玩。更何况有我呢，保你们无灾无难，平平安安！"

我看了看它的独角，将信将疑地问："狐狸先生，您口气挺大啊！一定非常有本领吧！"

没想到，话刚一出口，独角狐狸就生气了，瞪着我大声嚷道："狐狸？谁是狐狸，你们全家都是狐狸！！"

我赶紧道歉："对不起，您不是狐狸，不是狐狸。我年少无知，您可别生气啊，狐狸先生。"

"哈哈哈，哈哈哈……"白泽不顾我的尴尬，也不顾"狐狸先生"的愤怒，躺在地上，捧着肚子笑得直打滚。

"你这个笨蛋！""狐狸先生"真是生气坏了，暴跳如雷地向我冲过来。眼看它的独角就要撞到我了，我本能地一个跳跃，坐到了它的背上。

这一瞬间，我们仨都愣住了。

我愣住是因为"狐狸先生"的背上竟然长着两只角，扎得我屁股疼。

可"狐狸先生"和白泽愣住是为什么呢？

白泽用小爪子指着我，结结巴巴地说："皮——皮蛋，你竟然坐到它背上了……你知道它是谁吗？"

"它是谁？"难道是什么了不起的大神兽吗？坐在它背上会不会招致灾祸……我猛然一惊，心中也忐忑起来，赶紧在脑海里搜寻和狐狸相关的神兽，可只能想到一个九尾狐——但九尾狐我见过，不是这个样子啊。

"无知的凡人！我是乘黄！""狐狸先生"愤怒地把我甩了下去，"谁乘坐了我，就能活到两千岁。"

"什么？两千岁？"我摔倒在地上，倒吸一口凉气，震惊得连爬起来都忘记了，"我真的能活两千岁了？那我会不会变老？我要怎么才能隐藏身份？要是被发现了，我会不会被抓去研究？天啊，这么多时间，我该先做什么呢？"

就在我浮想联翩的时候，白泽无情地打击了我："当然是假的。这里是你的梦境，在梦境里你无所不能，但你在梦境里得到的东西也不能带回现实。"

在这一刻，小小年纪的我体会到了人生的大起大落。

乘黄犹自愤愤地碎碎念："哼，这些无知的凡人，一会儿把我当马，一会儿把我当狐狸，哪有我这么聪明的马，哪有我这么英武的狐狸！居然敢坐在我的背上，几千年来也只有黄帝一人乘过我，所以他非常长寿。"

虽然有点儿失落，但我很快就想开了，释然地拿出《兽谱》，邀请乘黄先生"签名"。

乘黄一边签名，一边好奇地问："两千年的寿命呢，你不觉得可惜吗？要不你求求我，说不定我一高兴，就让现实中的你也乘坐一下。以前有很多人类为了长寿，拼命求我呢。"

我耸耸肩，说："我可不想活两千岁，那样就得看着身边的亲人和朋友一个个离开自己，心里肯定会很难过的。而且我觉得，生命的意义不在于有多长，而在于活得精彩。"

"你真是大智若愚！"乘黄和白泽不约而同地伸出爪子，为我点了个赞。

它们这是夸我呢，还是损我呢？

神奇秘语

《山海经》中记载，在遥远的北方，有个白民国，那里的人身体雪白，披着长发，他们出入都乘坐乘黄。乘黄长得有些像狐狸，背上有角，乘坐它们的人，都能活到两千岁。

《博物志》中则记载，乘黄有马的身子、龙的翅膀，黄帝飞仙升天时，就乘坐着它。

狨与猾褢
huái

　　我发现白泽越来越狡猾了。在不知不觉中，它已经把寻访神兽的任务全都扔给了我，自己只负责喝可乐看热闹。

　　面对我的指责，白泽非但不觉得惭愧，还振振有词地说："谁犯错，谁弥补。要不是你弄翻了可乐，《兽谱》就不会被破坏。《兽谱》不被破坏，神兽就不会跑出去。神兽不跑出去，就没有这个任务。所以这个任务，本来就是要你来完成的呀……"

　　说得好有道理，我完全无法反驳，只好用手指点着白泽的"嬉皮笑脸"说："唉！孔夫子有言，巧言令色，鲜矣仁。原来说的就是你呀！"

　　不过，说实话，这任务我还挺喜欢的，不仅能随心地逛故宫，还能认识千奇百怪的神兽。

　　白泽可能是良心发现了，居然好心地安慰我："你放心啦，现在你在神兽界已经小有名气了，不用你自己去找，神兽们自己就会来找你的。"

　　说曹操，曹操到。白泽说完一会儿，还真有两只兽来找我了。乍一看，这两位的长相真可以用"一言难尽"来形容。只见一个活像癞皮狗，身上有豹子的花纹，头上还顶着一对极不协调的牛角；另一个呢，有三分像人，五分像猪，剩下两分像乱线团。于是，我迅速给它们取了两个代号：牛角狗和猪毛人。

　　"您二位是？"

　　"哼！连我们大名鼎鼎的狨猾组合都不认得！"它们一个扯着尖嗓门，一个喉咙里像含着面团，异口同声地说。

　　"狨猾组合！我当然听说过。不就是聪明透顶的狨先生和机智过人的猾先生嘛！"我赶紧恭维起来。

牛角狗听了顿时转怒为喜，可猪毛人的面色却不好看了，它噘着长嘴巴说：“谁是猾了！要叫我全名——猾褢！”

“好，好，好！猾褢先生，你们二位是特意为我签名来的吗？”

“签名嘛，当然可以。”牛角狗眼珠滴溜溜地转着说，“不过，你得答应我们的条件。”

“什么条件？”

“我们狡的家乡在玉山。玉山你知道吗？就是《山海经》里面西王母居住的地方。我是代表着吉祥的瑞兽，我出现在哪里，哪里就会迎来大丰收，五谷丰登。”

“厉害，厉害！”我连忙竖起大拇指，给它点了个赞。

“厉害什么呀！”狡摇着头说，“就是因为这样，人们到处搜捕我们，搅得整个玉山不得安宁。我的要求就是，你把《兽谱》改改，将我们是瑞兽的部分删去！”

“对，我也是！”猪毛人猾褢接着说，“《兽谱》上写着，我们只要出现在哪里，哪里就会有劳役之苦，结果人人都厌恶我们，驱逐我们……你也得帮我改改。”

改《兽谱》，这可以吗？我望向白泽。白泽头也不抬，居然装睡，还打起呼噜来。看来肯定不行，这狡猾的家伙是想置身事外呢！

可是，若说不能改，那狡和猾褢一气之下，不签名走了怎么办呢？我灵机一动，平静地对它们说：“就这点儿小事呀！交给我的朋友白泽了。等它醒了，我让它给你们改得好好的。”

“真的？”狡和猾褢半信半疑地说。

“当然是真的了，《兽谱》上的图就是用它的毛画出来的。它要是不答应的话，你们就一直缠着它，不给它喝可乐！它最怕这个了，肯定会答应的！”我悄悄地说。

狡和猾褢一听，都高兴地说：“好嘞！那我们就先给你签名了！”

狡猾组合签完名就走了，我目送它们远去，回过头，只见白泽早已跳了起来，正怒发冲冠地瞪着我："皮蛋！你这个狡猾、狡猾的家伙！你不知道刚才那两位有多难缠！"

嘿嘿！那我可管不着了，谁让你刚才装睡呢！

神奇秘语

猾褢生活在尧光山，长着猕猴一样的面庞，身上披着长长的猪鬃。这种神兽非常怪异，据说它们能预测"土功"，就是说哪里要征发徭役，哪里要大兴土木，它们就会出现。而且，猾褢出现的时候，山林里还会传来砍伐木头的丁丁声。有人说，它们是灾祸的预兆，沉重的劳役都是它们带来的；也有人说，猾褢是好心的灵兽，它们出现是为了警示人们。

yà yǔ

窫窳

　　白泽说得对，我在神兽界已经小有名气了，不用我自己去找，就有神兽自己找上门来。但同时，我也发现这其实是麻烦的开端——来主动找我的，大多是带着要求而来——可这些要求，没有一个是好做到的。

　　比如，眼前这位霸道的牛人先生。之所以把它叫牛人，是因为它的身体就像没毛的牛，下面长着马蹄子，上面托着一张人脸。要不是已经见了很多神兽，我一定会被它这怪模样吓到的。

　　牛人一见面，就瞪大了牛眼，吼着说："你就是那个修复《兽谱》的皮蛋？"

　　"正是在下……"我恭敬地回答。

　　"帮我改下《兽谱》！"牛人果然牛得理直气壮。

　　"为什么呀？"

　　"哪来那么多为什么，让你改就改了！"

　　不能忍！它的态度彻底激怒了我，我心想：在自己的梦里，还能被你这么欺负！于是，当即回绝道："我的任务是修补《兽谱》上缺失的图片，至于文字记载的内容，一个字都不能改！"

　　"什么？你敢拒绝我！你知道我是谁吗？"

　　"你是窫窳。"白泽显然也被牛人惹怒了，用懒洋洋的声音回答说，"你当初做过天神，可惜呀，后来堕入邪道，变成了吃人的野兽。再后来嘛，你无恶不作，滥杀无辜，被后羿一箭射死了！现在的你，只不过是个半生半死的躯壳罢了……"

　　窫窳听得张大了嘴巴，惊叹道："人家说白泽什么都知道，果然不是虚传。你

84

们别生气，刚才我不过是开个玩笑。"

差点儿把我吓住，还说开玩笑。我看着它勉强挤出的笑容，心中很是不爽。但窫窳居然还有个变脸的本领——一转眼，居然换了一副面庞，楚楚可怜，声泪俱下地说："哎呀，白泽老弟，皮蛋老兄，你们误会啦，我其实是个真正的可怜人！作恶也是身不由己呀！"

"你有什么可怜的？"我问。

窫窳抹着眼泪、吸着鼻涕说："你不知道，我以前做天神的时候，是最尽职尽责的，天帝都赏识我。就因为这样，我遭到了小人的嫉妒。嫉妒我的天神叫贰负，他有个手下叫危，他们天天在一起算计我，居然背着天帝将我杀死。后来，天帝查明真相，处死了他们，又召集巫师将我复活。哪知在复活的过程中出现了意外，我虽然活了过来，却变成了一个残忍、嗜杀的怪兽。我才不想做怪兽呢，可根本控制不住自己的杀戮欲望。后来我害人太多，尧帝便命令后羿将我射死了——然后，我就变成了如今这种不死不活的状态。你不知道我有多么悲惨，行尸走肉似的活着，还要被人们咒骂、驱赶……"

看来它真的挺惨的，我心中也开始怜悯它了。窫窳见我心中动摇，又赶紧说："皮蛋老兄，你只需动动笔就行了，我可不白让你干活，我会报答你。"

"你这样怎么报答我呢？"我好奇地问。

"难道没人得罪过你吗？比如你的邻居、你的同学。你现在帮我，我去帮你教训他们……"

"呸！你这大坏蛋。本来我都同情你了，谁知你恶性难改，我才不会帮你。"

"哎呀！我又说错话啦……"窫窳见我生气，脸一下又变得悲伤而无辜，竟哇哇大哭起来。而且它的声音，竟也变得像受委屈的小姑娘一样，听了简直让人肝肠寸断。

"别哭啦，别哭啦！"白泽比我还先受不了，"我们没法为你改评语，不过会把你的遭遇写得清清楚楚，让大家知道你的可怜之处。"

"也只能这样了！"窦窳顿时破涕为笑，一边签上名字，一边说，"总算没白哭！"弄得我和白泽，不知说它什么好了。

神奇秘语

在传说中，窦窳有很多种不同的形态。有人说它长得像没有毛的牛，人面马足；有人说它长得像狸，有锋利的虎爪；有人说它长着龙的脑袋，马的尾巴，虎的爪子；也有人说它是蛇身人面，就像它还是天神时的样子。众说纷纭，究竟哪种说法是真的呢？或许只有窦窳自己才知道了。

不知不觉中，修复《兽谱》的任务已经完成一半了，我和白泽都非常开心。但是我发现白泽有点儿不对劲——它好像越来越没精神了，整天都懒洋洋地趴在我肩膀上，只有冰可乐能让它开心起来。

"白泽，你怎么了？是不是生病了？"我摸摸它的小脑袋，担心极了。

白泽用小爪子掀开眼皮，看了我一眼，没精打采地说："还好啦，就是有点儿中暑，喝点儿冰可乐吃点儿零食就没事了。"

我不了解神兽的健康状况，没办法判断白泽到底是生病了还是在偷懒，我能做的就是满足它的小小要求。

喝着冰可乐，吃着零食，白泽顿时来了精神，坐在我肩膀上，伸出小爪子，威风凛凛地发出指令："冲啊！我们的征途是星辰大海！"

"……"我好像成了白泽的坐骑？不过没关系，只要它能好起来就行。

我驮着白泽在故宫里面横冲直撞，感觉自己特别威风。突然，前方有个小动物像个没头苍蝇似的，惊慌失措地跑来跑去，眼看就要撞上了，我赶紧来了个急刹车，停在了离它半米远的地方。但是这只小动物却尖叫一声，随即缩成一团，然后躺在地上一动不动了。

"什么情况？！"我的脑袋里立刻跳出两个令人又气又怕的大字——碰瓷！

"喂，喂，喂！这位神兽老兄！"我得赶紧澄清，"这还有半米的距离呢，我可连你的汗毛都没碰到呀！你现在这样是做什么，而且我肩膀上可还蹲着一个，有人证的哟！"

没想到，躺在地上的小家伙，一动也不动。难道真的被吓死了？我心虚地想，不知道在梦里吓死神兽有什么后果。不行,我得好好检查一下。

我小心翼翼地走上前去,将缩成一团的小家伙拨开,只见它长得像一只兔子,嘴巴像鸟喙,尾巴像蛇,一看就不是普通的兽。我更加心虚了,手也不由自主地抖了起来,忙问:"白泽啊!这下咱们可惹祸了,该怎么办呢?"

白泽吸溜了一大口可乐,吧唧着小嘴说:"弄死神兽,那罪过可大了。不是我吓你,后果可能比在现实中犯罪还严重!"

"啊!"我吓得张大了嘴。

"不过呀!"白泽又说,"你不用担心,这家伙没死,它只是装死而已。"

"真的吗?"我松了口气,又问,"那它为什么装死,是要敲诈我吗?"

"不是。它是犰狳,特别胆小,平常根本不敢出门,看见人就躺下装死。"

原来是个装死的老手,我不再担心了。不一会儿,犰狳果然睁开眼睛,爬了起来。它看着我们,眼泪汪汪地说:"你们好啊!我……我是犰狳,我不是故意碰到你们的,你们别怪我。"

"你好啊,小犰狳,我们怎么会怪你呢?你没事就好啦!"

"呜呜！你居然这么说，我真是太感动啦！"犰狳居然抽泣起来，"已经很久没有人向我问好了，他们都说我是扫把星……呜呜！皮蛋你真是太好了！"

"你知道我的名字？"我奇怪地问。

"知道，现在故宫里的神兽，谁不知道你的名字啊！我就是来找你的。"

"找我做什么？"

犰狳抹着眼泪，抽抽搭搭地说："我不是扫把星，蝗灾不是我招来的——我只是喜欢吃昆虫而已，所以每次蝗虫多的地方，我都会赶去。大家都误会我了，你们修补《兽谱》时能帮我解释清楚吗？"

多么可怜的小家伙啊！我安慰它说："你放心吧，我们改不了《兽谱》，但我一定会将你的故事讲给每个人听的，让大家不再误会你。"

"谢谢你，皮蛋。"犰狳害羞地把自己缩了起来。

神奇秘语

在南美洲和北美洲也生活着一种名叫犰狳的动物，它们长着小小的耳朵、细长的尖嘴、锋利的爪子和坚硬的外壳，遇到危险就把自己缩成一个球。犰狳是杂食性动物，喜欢吃昆虫和鸟蛋。其中有一种长毛犰狳，遇到惊吓的时候会发出猪一般的嚎叫声，并且每天会沉睡17个小时。这些特征都跟《兽谱》里的记载很相似呢！

双双与从从

名声大，麻烦多，但办起事来果然方便多了。这不，刚刚送走小犰狳，又有神兽来自投罗网，不，是自己找上门来了。还没见到兽影呢，就听见拐角另一侧大声嚷嚷：

"皮蛋，皮蛋，我们来了！"

"赶紧把我们弄回去吧，我都要累死了！"

"皮蛋，别听它们的，我才不想回去呢！外面的世界多精彩，蹲在《兽谱》里面无聊死了！"

"累！"

"还不是怪你们，一个往东，一个往西，一点儿也不听指挥。"

"嘿，说得好像你就很听指挥似的！"

"听指挥没问题，问题是听谁指挥。你俩肯定不行，瞎指挥。"

天啊，看这动静，得多少神兽啊！我该先搭理哪一只呢？我正在思考这个问题，神兽已经跑到我面前了。我定睛一看，嘿，好家伙，原来只有一只，不过长着三个头，难怪口技这么溜呢，简直可以去春晚表演群口相声了。更有趣的是，它一身青色，从远处看去，还真有点儿像穿着长袍的相声演员！

"这位老师，不知您贵姓！"我知道，对文艺工作者都得尊称"老师"。

果然，对方似乎很开心，三个头争着回答："我是双双。"

"我也是双双！"

"我们都是双双！"

"你们有何指教呢？"

"快把笔给我，我要回到《兽谱》中！在外面可真难受！"两个头齐声嚷道。

"别给它们，我还没玩够呢！"另一个头说。

"玩够了，玩够了！"

"没玩够，没玩够！"

真吵！不过还好这家伙三个头都萌呆萌呆的，声音也不难听，我觉得它们还挺可爱的。当然，这的确有点儿叶公好龙，要不是在梦境中，看到这三个头的动物，我肯定也会害怕的。

双双的三个脑袋七嘴八舌地争论着，我根本插不上嘴。不过嘛，作为任务执行者，我当然希望它回到《兽谱》，可是怎么才能说服向往外面世界的那个头呢？

就在我冥思苦想的时候，新的问题又来了。一阵惊天动地的脚步声中，我看到一只六条腿的怪兽朝我狂奔而来。我下意识地看它的头——还好还好，只有一个脑袋。要是再来一只三头兽，我大概会疯掉了。

六足怪兽说话非常简洁："《兽谱》，笔。"

"您真是太爽快了！"我高兴得跳了起来，赶紧恭恭敬敬地捧着《兽谱》，请六足怪兽签名。"对啦，还没请教您的名字呢。"

"从从。"大家伙仍然惜字如金。

双双？从从？我看看双双的头，又看看从从的脚，似乎明白了什么。

双双似乎很怕从从，它一来，三个头就不吵了。只听其中一个要回去的头小声地说："哎呀！你们看，来的是个什么东西呀，长得也太可怕了！只有一个头，下面居然有六条腿，真是太丑，太可怕了！"

"是啊，是啊！太吓人了！"它们终于达成了共识。

"你要是不和我们回去，早晚会被它抓住……"

"回去，回去。我可不想落到怪物的手中。"

我听得有趣，便问："从从，你真的会抓双双吗？"

从从眼睛一瞥，扔下一句"傻，不要"就跑了！逗得我哈哈大笑。

一下子修复了两页《兽谱》，我开心极了，立刻跳了一段街舞。平时不能完成的动作，在这里可以轻松完成，我简直停不下来。

白泽、双双好奇地看着我，也学着我的样子跳起舞来。与神兽共舞，还有比我更帅气的人吗？

神奇秘语

一般来说，身体不一般的神兽，本领肯定也不一般。《西游记》中就提到了很多多头怪物，如九头虫、九头狮子等；希腊神话中也有可怕的三头犬、九头蛇等。但双双和从从有什么本事呢？《兽谱》并未详细记载，看来它们都是低调的神兽呢！

当 康

自从我发现在这里跳舞不受任何物理规律的限制，我就完全放飞自我了，一路都在跳舞。白泽趴在我头顶上，兴致勃勃地用它的小奶音唱着神秘而古老的歌谣。

跳着跳着，突然有一个奇怪的声音加入白泽的歌声中。

"当康！当康！"

我循声望去，顿时惊呆了——天啊，一只跟我差不多高的猪在我旁边翩翩起舞！这位"重量级"舞蹈家让地面都震动了。

白泽停下歌唱，热情地招呼道："咦，这不是当康吗？哈哈，你还是这么喜欢跳舞啊！"

我已经大概了解这些神兽的取名套路了，很多都是用它们自己的叫声来命名的。例如这位神兽小伙伴，它的叫声是"当康"，于是它的名字也叫"当康"。古人取名字是不是有点儿太随意了啊……

我一边跳舞，一边好奇地打量着当康。它的外形的确和猪很像，但体形硕大，几乎跟我差不多高，而且獠牙特别长，看上去就很厉害的样子。

"当康先生，您去没去过高老庄？"我大声问。

"没去过，没去过！你说的那是猪八戒，人家是天蓬元帅，我可比不了！"

哟！原来当康还挺博学，居然知道《西游记》，也是，人家舞蹈跳得这么好，一看就是科班出身。这要是在现实中，一定能做个大网红。要是我把它请出去……嘿，那可了不得。于是，我接着问："当康先生，您有经纪人吗？"

"什么经纪人？"

"就是专门给大明星服务的！您要是去我们的社会中，一定能火，到时线上线

下，都有无数粉丝追您！"

"粉丝？你怎么知道我爱吃粉？"

"不是那个粉丝，是把您当偶像的人！"

"真的吗？"当康听得眼睛都大了，显然心动不已。

"别听他胡说！"白泽在一旁喊道，"你不是丰收之年才出来唱歌跳舞吗，怎么现在也来跳啊？"

"现在天下太平，每年都是丰收之年，我当然是想唱就唱，想跳就跳了！当康！当康！"当康笑嘻嘻地回答，舞步震得方圆几米的地面也跟着跳动。

作为学校里的"街舞小王子"，我也不甘示弱。于是我不仅舞力全开，还给自己布置了一个超级酷炫的舞台，音响效果也非常震撼。当康看得眼花缭乱，兴奋地大叫："当康！当康！我也想要一个这样的舞台！对了，你的乐曲是哪里来的，为什么我没有看见乐师？"

我指着舞台两边的音响，得意地说："这是人类的现代科技，不需要乐师。"

当康露出惊叹的表情："天哪，这真是太神奇了！我真的想去人类的世界了。"

白泽表情复杂地看着它："当网红可不是件容易的事情，虽然称赞你、追捧你的人很多，但更多的人会骂你！他们无缘无故地骂，你不听都不行……"

"啊！这是真的吗？"当康停下脚步转向我。

我无奈地点点头："的确是这样的，不过，想红就得忍受这些……"

"那我还是不去了！"当康摇头说，"我不想让人骂我，更不愿迎合别人，那样我会失去自我的。我宁愿一直默默无闻，也不要那样火起来。"

"好想法！你比某些人可明智多了！"白泽一边对当康竖起小爪子，一边斜着眼睛看我。

看来我这经纪人是做不成了，没关系，只要当康自己快乐就行，怎么生活都该由自己做选择。我也不再多说，转换着不同的音乐，邀请当康继续和我一起跳舞。

当康可真是舞蹈天才，比我见过的所有街舞高手都出色——也许这缘于它开朗、豁达的性格，这是普通人永远达不到的境界！

神奇秘语

当康是一种外形像野猪的神兽，是古代人最喜欢的神兽之一，因为它们出现的地方，一定会获得大丰收。所以当地人在祭祀谷神的时候，还会扮作当康的模样，踩着拍子，载歌载舞。"当康、当康、当康"的歌声四处回荡，展现了人们对劳动的热爱，对丰收以及幸福生活的渴盼。

夫诸

　　酒逢知己千杯少，舞逢知己跳不停。我和当康不知跳了多久，直到在梦境中都累得大汗淋漓，然后仰躺在地上，昏沉睡过去。

　　当我醒来时，只见周围光芒氤氲，一头高大的、纯白色的鹿，迈着优雅的步伐向我们缓缓走来。白鹿长着高大华丽的鹿角，浑身散发着洁白的光芒，所到之处，那里的地面就自动铺上黄金和玉石，犹如天宫的琼楼玉宇一般，华美异常。

　　"Oh my God！这是哪里来的神仙鹿？"我忍不住发出呐喊。

　　"它也来了！几千年了，这家伙怎么还是这么浮夸。"白泽在一旁小声嘀咕。

白鹿似乎听到了，发出一声轻笑，温柔地说："白泽，我的老朋友，怎么刚一见面，就磨叨起我了？没关系，我原谅你了。这位一定是皮蛋吧，果然是年少有为，一表人才。我是夫诸，很高兴见到你。"

天哪，它的声音既好听又中听！我突然明白"甜言如蜜"以及"大珠小珠落玉盘"是什么意思了。虽然这句诗是形容琵琶的乐曲声，但我实在想不到更合适的诗句了。长得这么美，声音这么好听，还这么优雅，面对如此完美的生物，我有点儿紧张，结结巴巴地说："夫诸先生，您——您好。我也很高兴见到您。"

"见到我可不是什么好事哦，人类认为我的出现预示着水灾，都很惧怕我呢！"夫诸发出一声温柔的叹息，"其实我只是喜欢纤尘不染，所以才生活在水源丰富的地方。"

白泽忍不住插嘴："用你们人类的话来说，这家伙就是有很严重的洁癖。"

"并没有很严重，只是有一点点。"夫诸在距离我和白泽还有一段距离的时候，就停下了脚步。

我看了看它脚下用黄金和玉石铺成的道路，觉得白泽说得对，可不知怎么，脑袋里似乎有另一个声音在说："对这么完美的生物的任何挑剔，都是嫉妒和污蔑！"

天啊，看来"爱而不知其恶"这句话，还真有道理。就连夫诸再次发出的叹息，在我听来，都是悦耳的天籁之音。这么完美的生物怎么能忧伤呢？我连忙开导："夫诸先生，您可用不着叹息，我知道，水灾和您一点儿关系都没有。归根结底，这都是人类自己的过错。人们总是从自己的角度思考问题，不分青红皂白地指责别人。不久前，我遇到的小朋友犰狳就遭到了同样的冤枉。您心胸坦荡，可不要放在心上。"

"你的心倒是不错。不过我其实早就不在乎了，谁让我生得这么完美呢，完美就要承受这些。你们人类不是说过嘛，峣峣者易折，皎皎者易污。这都是我的命运啊，没办法！"

"这……"我居然不知该怎么回应了。

"还去开导别人。"白泽靠近我的耳边，悄悄地说，"我认识这家伙几千年了，它才不会忧伤呢。你越是恭维它，它就越骄傲。看我的！"

白泽转身对夫诸说："不必担心，那都是过去啦。现在的人啊，再也没有说你是'水灾之星'的了，他们甚至连神兽都不相信了，知道你名字的人寥寥无几！"

"真的？！"夫诸听白泽说完，居然向我们迈了一大步。

我点点头。夫诸喃喃自语："我这么完美的生物怎么会被遗忘呢！我不相信！"

白泽拿出《兽谱》，说："还不信，你看看《兽谱》上还有你的画像吗？"

"唉！"夫诸看了一眼《兽谱》，我听得出它这次是真正的叹息。"看来我离群索居太久啦！该出去走走啦！"

夫诸在《兽谱》上签完名字，就匆匆离去了。看得出，它真的想去人间了。

神奇秘语

夫诸是一种和洪水息息相关的神兽，长得像白鹿，头上有四只角，非常威武、雄壮。相传它住在敖岸山中，是神仙熏池的坐骑。熏池擅长制作玉器，天帝使用的那些精美玉器，就出自他的手。在不制作玉器的时候，熏池就会骑着夫诸环游天下，到处寻找存在精美玉矿的地方。

开明兽

"开明兽？哎呀呀，这可不好办啊。"白泽盯着《兽谱》，用小爪子托着下巴，皱起眉头，"这位大佬一直生活在昆仑山，担负守护山门的职责，从未离开过，我们很难找到它。"

"那我们去昆仑山不就行了吗？别忘了，在梦里我是无所不能的。"我乐观地说。

白泽摇摇头："它看守的昆仑山可不是你知道的那个山脉，而是《山海经》里记载的神山，是天帝和众神居住的地方。对人类来说，昆仑山就是天界，是无法找到也无法接近的，即便在你的梦境里，你也找不到它。"

我大吃一惊："神仙居住的地方？那可怎么办啊？要不我们就放弃这页吧？"

　　"这就放弃！"白泽的脸上挂着不屑的表情，"要是这点儿困难就把你难倒了，那任务就不用进行了。"

　　听它这话语，似乎还有别的办法。我也不在乎它的讥讽，赶忙问："哎呀！我这不也是没主意了嘛！你还有什么办法，就赶紧告诉我呀，有了办法我才不会放弃呢——坚持不懈，就是我最大的优点！"

　　"这还差不多。"白泽满意地说，"别忘了我们的老朋友貘啊！让它再创造个梦境，直达昆仑山的。"

　　"再创造个梦境？"我惊讶地问，"那我们需要从这个梦境里出去吗？"

　　"不用，不用！"貘可是操纵梦境的大师。

　　白泽不知怎么和貘沟通的，不一会儿，我们的眼前凌空出现一个透着微光的传送门。"这就是通道，快走吧！"白泽拉着我跳入门中。我眼前一闪，瞬间发现自己已经到了巍峨的大山之巅。这山可真高，站在山巅，向四面望去，仿佛能看到整个世界，湖泊、平原、峡谷、森林层层叠叠，尽收眼底。其他的山，在这儿看来，就像是小土丘一般。

我还没看够，只听背后隆的一声，缭绕的云雾中，一座大门轰然打开，有个粗犷、威严的声音响起："是谁敢到这昆仑山来踢馆！"

"开明兽老兄，是我小白泽呀！我们可不敢踢馆，是专门来拜访您的！"

难得见白泽这么恭敬，我好奇地向上望去，呀！只见一个巨大的神兽，用十八只眼睛瞪着我——对，就是十八只！它有九个脑袋，每一个都威严得让人敬畏。我感觉自己正在被目光一点点儿切开，动也不敢动。

沉重的压力让我喘不过气来，过了不知多久，那声音才再次响起："嗯，不错，你们没有撒谎！把《兽谱》拿来吧，我给你们签名。签完名你们就赶紧离开，这是天帝的住所，可不能随便进入！"

居然能看透人心，还能知道别人的想法，简直可怕！我瑟瑟发抖地将《兽谱》递上去，开明兽举起大爪子，轻轻地在上面一按，图像就修复好了。

"您真的不请我们去里面看看了？"白泽咬着自己的小爪子，像看偶像那样盯着开明兽问。

"不行！"开明兽的一个头说，"昆仑山不仅是众神的住所，还储藏着各种宝物，绝不能出半点儿差池，虽然你们不是坏人，但是我也不能放你们进入。"

"这里的宝物，足以让心思单纯的人也生出贪念，不让你们进去，是为了你们好。"第二个头说。

"有了规矩就要遵守！不能因为是好人，就网开一面！"第三个头也说。

"越是欣赏谁，就越要对他要求严格，快走吧，我们不会让你们进去的……"

白泽还想再说什么，我赶紧拉住它，往传送门里一跳。"扑通——"我们一起跌回了故宫。

"啊！你听到了吗？开明兽先生说欣赏我！"白泽眼神迷离，活像个刚得到偶像垂青的脑残粉。好吧，原来神兽也有偶像啊！

神奇秘语

开明兽，又叫陆吾，是在昆仑山上为天界守护大门的神兽。它身体类似巨大的老虎，长着九个脑袋，有人的脸庞。十八只眼睛始终大大地睁着，将昆仑山的九座大门盯得紧紧的，任何风吹草动，都躲不过它的视线。正是因为它的存在，昆仑山维持着平静和安宁。人们称赞它的明察秋毫，才将其尊称为"开明兽"。

利未亚狮子

　　见过了偶像的白泽，变得兴奋异常，也不蹲在我肩膀上懒洋洋地继续喝可乐了，一会儿跳上墙头，一会儿跑到屋顶，还抱着漆红的大柱子蹿上蹿下。

　　"用得着这么激动吗？不就是去了趟昆仑山？"

　　"你懂什么！陆吾是世上最明智的神兽，什么事都瞒不过它。它居然欣赏我，这可是莫大的荣耀……"

　　"什么事都瞒不过它？"

　　"当然了！"

　　"那它能看到你现在这个样子吗？一个上蹿下跳的淘气蛋——"

　　"呀！"白泽听了，立刻回到我身边，"你说得有道理，我可不能让它失望，得庄重些，上进些，做些能体现我博学多知的事情……什么呢？对了，带你游故宫，为你导游讲解！"

　　白泽也不问我愿不愿意，拉着我就开始朝前走。我们溜溜达达地来到太和门，白泽尽力让奶声奶气的语调变得严肃一些，一边指画，一边讲道："太和门是故宫最大的门，也是外朝宫殿的正门。明代和清代初年，皇帝们都在这里'上班'。"

　　说完上班，它停顿下来。我心有灵犀，赶紧捧哏："这儿不是露天的吗？刮风下雨怎么办呢？"

　　"对！问得好。"白泽摸摸肚子，继续说，"就是因为刮风下雨，才选择这里。他们是标榜自己勤政爱民呢！"

　　"那这对狮子代表什么呢？"我看到太和门前有一对铜狮，它们蹲在汉白玉和铜做成的底座上，脖子上挂着精美的铜铃，脚下踏着大绣球，就说，"它们居然也

会玩踩球，和我家的小猫阿花简直一样！"

白泽赶紧用小爪子来捂我的嘴，但还是慢了。我的话音刚落，旁边的狮子就吼了起来："什么？你在说什么？竟敢把我比喻成玩球的小花猫！我看你是想活动活动筋骨了！"

"对不起，狮子先生！"白泽赶忙道歉，"我这朋友初来乍到，有眼不识泰山，误会您啦！您大人大量，可不要和他一般见识！"

"告诉你吧！"狮子生气地说，"我们可不是在玩球！这绣球是权力的象征，我踩着它是为了祈求国家安稳，这么庄严的事情，你竟然说我在玩儿？"

我不服气，但不敢和狮子比嗓门，只好小声地自语："明明就是玩绣球，旁边的那个脚下还有小狮子呢！说什么祈求国家安稳，那我还说踢足球是为了世界和平呢……嗓门大，就有道理呀……"

"哼！知错不改！"旁边的雌狮子也发话了，"愚蠢的凡人，竟然连这么简单的事情都不懂。它脚下踩的是绣球，代表国家安稳统一；我脚下趴着的是小狮子，象征子孙后世代代相传。"

好，你们说的有点儿道理，可脾气至于这么大吗？我悄悄地问白泽："它们总是这么暴躁吗？"

白泽悄声说："故宫里一共有六对狮子，这俩脾气最大。没办法，谁让它们是紫禁城最大的铜狮呢，很厉害的哟！忍了吧，忍一时风平浪静。"

"可……"

"面子算什么？在自己的梦境里丢面子，不丢人。赶紧认错，咱们还得求人家签名呢……"

"哎呀！真是听君一席话，胜读十年书呀！两位狮子前辈的指教真是令我茅塞顿开，我知道啦，你们是为了国家繁荣昌盛才蹲在这儿的，你们可成了我的榜样啦！"

狮子们一听，立刻收起怒容，扯着粗嗓子说："这才是嘛！孺子可教也！"

我趁着机会递上《兽谱》，它们高高兴兴地签了名。临走时，我大胆地走上前，给它们顺了顺毛，狮子果然一点儿也没反抗，还享受地伸长脖子，发出舒服的呼噜声——到底还是大猫嘛！

利未亚，就是非洲。因为编纂《兽谱》的时候，狮子主要分布在非洲草原上，所以人们都将其称为利未亚狮子。其实，在很久以前，欧洲、亚洲、北美洲都有它们的足迹，但由于环境的改变和人类活动的影响，非洲以外的狮子几乎全部灭绝了。狮子威武雄壮，人们认为它们能驱鬼辟邪，所以常常在大门两旁设置它们的雕塑。

"故宫里的神兽可都是尊贵、高傲的，不要觉得人家蹲在大门口，就轻视人家……"白泽摆出一副前辈的模样，居然教训起我来。

"我才没有……"我刚要反驳，忽然看到前面有群脏兮兮的流浪狗，似乎在围攻什么。

"有情况！"白泽也发现了，一边招呼我，一边朝前跑去。

"这故宫里怎么还有流浪狗啊！你不是说这里的神兽都是尊贵的吗？你看它们的毛，脏兮兮的，好像已经几个月没有洗了……"

白泽喘着气，无奈地说："你再仔细看看，那是流浪狗吗？人家可是洋兽，是来自异国他乡的意夜纳！"

"意夜纳？没听过。"

"就是你们现在说的鬣狗呀！古人叫它们意夜纳是音译。它们似乎在追着什么，我们得赶快一些！"

我拽上白泽，瞬移到鬣狗们的上空，低头一看，天哪，一大群凶残的鬣狗，居然在围攻一头可怜的小狮子。这种情景我在《动物世界》中倒是常见，鬣狗既凶残又执着，被它们盯上的动物少有能幸免的。我可不想在故宫里见到那种血淋淋的场景！

"住手！"我大声叫道。鬣狗们听到我的喝声，立刻停了下来，但未解散包围圈。

我们降落下去，神情紧张的小狮子，正低着头，发出稚嫩的咆哮。看到我和白泽到来，似乎发出一声欢快的叹息。我这才认出，它不就是刚才让我顺毛的小

家伙吗！"怎么跑到这里来了！"我张开双臂，小狮子一下跳入我的怀中，十足的分量差点儿把猝不及防的我撞个跟头。

"呼、呼……"围成圈的鬣狗们，看到我们这样不给它们面子，一个个龇牙咧嘴，开始低沉地咆哮起来。我知道，这是它们即将发动攻击的姿态。鬣狗又称"碎骨者"，咬合力极强，动物圈里的朋友们都戏称它们为非洲的"二哥"，我可不想和它们厮杀。

"慢着，慢着！"我忙喊，"你们这是干什么？我是来调解纠纷的，怎么不讲讲道理就要动手呢？别忘了这里是中国，得讲究'和为贵'。"

"什么和为贵！"一个冷酷而尖刻的声音说，"我们是鬣狗，它是狮子，天生的宿敌，不管在哪儿都得拼个你死我活。现在小东西落了单，我们可不能放弃好机会！"

我一看，说话的显然是领头的鬣狗女王，这位可怖的女士正咧开嘴，露出锋利的獠牙，冲我阴森森地笑着："咯咯咯咯……你小子若是识相，就赶紧滚开，否则可别怪我们嘴下无情！"

"嘴下无情"四个字一出，我不由得夹紧双腿，白泽也赶紧将尾巴紧贴屁股——谁都知道鬣狗的杀手绝招——想想就让人流冷汗。

"害怕了吧！"鬣狗们露出得意的笑容。

"我才不怕！"我急中生智，"你们刚才没见到我和白泽是从天上飞过来的吗？现在我们立刻就能飞走。要是我们将这里的事告诉大狮子……你猜它们会怎么对你们？"

鬣狗们有些畏惧。

我乘胜追击说："你们当初在非洲相互残杀，是为了争抢食物、地盘。如今在故宫里，竞争已经没有了，就该化干戈为玉帛，好好相处。更何况，你们都来自非洲，在这儿可谓他乡遇故知，应该互帮互爱嘛……"

鬣狗女王显然明白其中利害，慢吞吞地说："那狮子……"

机灵的小狮子不等我说话，就大声说："我也是狮子，我可以代表狮子跟你们讲和！"

鬣狗们相互看了一会儿，也都嚷道："讲和、讲和吧！"

就这样，我不仅得到了签名，还化解了一场持续上万年的纷争！

狮子属于猫科，鬣狗属于犬科。鬣狗是群居动物，狮子是唯一的群居猫科动物。狮子的团体状态比较松散，经常会单独行动，一旦落单，就可能被鬣狗围攻。体形较小的雌狮，三头鬣狗就能袭击它。雄狮体形较大，鬣狗会选择趁它捕猎之后再偷袭，这时雄狮的体能严重下降，只能眼睁睁地看着猎物被抢走。

厌火兽

"鬣狗居然敢向草原之王狮子挑战，还和它们相互残杀了成千上万年，说起来也是够厉害的……"我感慨道。

"你这就是站着说话不腰疼！"白泽说，"在野外生存可不是那么容易的，为了争抢食物，再强大的敌人也得面对。毕竟，填饱肚子，才能活下去。"

在梦境中，我本来不饿，但一听它说填饱肚子，我忽然幻想起各种各样的美食来——现实中不能尽饱口福，到了梦境，怎么能错过这机会呢！于是，我拉住白泽，对它说："咱们走了这么久，是不是该吃些东西啦！"

它本来就是小馋猫，听到吃东西，比我可兴奋多了，一下扑到我怀里，嚷道：

"好皮蛋，快想想，你们人间还有什么美味佳肴，我作为一只通晓世间万物的神兽，就这方面的知识还不足……"

美味佳肴自然多得是，但我就想吃火锅，便问它："你吃过火锅吗？"

"火锅？知道、知道……可惜没有吃过……"

看着白泽眼巴巴的可怜相，我发挥想象，不一会儿，一个大大的铜火锅，连同各种调料、肉、菜、丸子就都备齐了。白泽看得眼睛发亮，口水直流，嗖的一下，跳到火锅旁边，端端正正地坐下，就等着开席。

"别着急，火锅要想好吃，还得慢慢加热。"我说着变出一些炭火。在炽红炭火的加热下，不一会儿火锅就开始咕嘟嘟地响，香气四溢，惹得我们口水横流。

可是，就在这时，忽然冲过来一只像猴子一样的动物，它张开黑色的嘴，把火全吸进了肚子里。火锅不冒气了，咕嘟声也停止了，看得我目瞪口呆。猴子却拍着肚皮大叫："好吃，好吃，真舒服啊！"

这是什么情况，难道这猴子是马戏团跑出来的，到我们这儿变戏法来了？

我刚要问，猴子打了个嗝，意犹未尽地说："好久没吃这么纯正的炭火了，味道不错，还有吗？"

"没有，没有了！赶紧走开！"白泽见火锅渐渐冷却，气不打一处来。

"我偏不走！"猴子说着，张开嘴巴，就冲我们喷出一团火。

一言不合就喷火，这肯定是某种神兽无疑了！我赶紧用意念把火挡了回去，猴子猝不及防，本能地把火又吸进了肚子里。

"嗝……"它满意地摸摸肚子，"我怎么就没想到呢，我和伙伴们互相吐火吃不就行了。"

吃对方吐出来的东西……我想象了一下这个画面，有点儿不太能接受。

白泽不耐烦地说："嘿，厌火兽，你再捣乱，我可用水喷你啦！"

"水？哎呀，太可怕啦！"听白泽这么一说，猴子立刻老实了，也安安静静地蹲在火锅旁，还吐出一口火，重新将木炭点燃。

我纳闷儿地问："它不是挺喜欢火的吗，为什么叫厌火兽呢？"

白泽解释道："这里的'厌'是满足的意思。它们什么都不爱吃，只爱吃火。所以人们就将它们称为'厌火兽'，把它们生活的地方称为'厌火国'。厌火兽不但能吞火，还能吐火，汉朝皇家有一种'鱼龙曼衍之术'的节目，就是由厌火兽吐火来表演的。"

我悄悄问："故宫里都是木建筑，它会不会引起火灾啊？"

厌火兽居然听到了，鼓着嘴巴说："才不会呢！我从小生在故宫，故宫也是我的家，我怎么会放火烧它！我可比你们人类更爱惜故宫，我跑来跑去就是为了发现哪里有隐患，把危险的火种吞掉！"

看来它还是故宫的保护者呢！我连忙称赞，顺便让它在《兽谱》上签了名。这时火锅也好了，我和白泽终于可以大快朵颐了。我们邀请厌火兽一起品尝，但它连闻都不愿闻，倒是把锅底下剩的炭火吸得一丝不剩。

《山海经》中记载，海外有个厌火国，这里的人外貌像猿猴，皮肤黑得像木炭。他们的食物是火和木炭，能够从嘴里吐火。因为具有这个"特异功能"，厌火民被古人当成野兽捕捉并进贡到中国，变成了"厌火兽"。在厌火国还生活着一种叫"祸斗"的食火兽，长得像狗，也能吃火、吐火，被人们当作不祥之兆。

梼杌

清淡的菜，要细嚼慢咽；醇浓的饭，则需狼吞虎咽。吃火锅就是如此，吃的不仅是食物，更是气氛。我和白泽一边大吃大嚼，一边谈天说地，我给它讲上学的各种趣事，它给我讲神兽怪兽的各种奇闻。

讲着讲着，我俩就"相爱相杀"起来——在我看来，当然是该怪白泽了。我好心地将自己的糗事都说给它听，它却嘲笑我，嘲笑我笨，嘲笑我胆小，气得我骂它是"白眼狼"。然后，白泽说我口不择言，我说它不可理喻。就这样，我俩越说越激动，我跳起来，指着它，大声说："你可真是个大棒槌！"

话音未落，一块石头就砸到了我脑门儿上。一个听起来就很凶狠的声音吼道："你才是棒槌！"

我捡起石头一看，好家伙，这么大！被这么大的石头砸中，要是在现实世界里，我肯定会头破血流的！我气坏了，大吼："谁干的？高空抛物现在违法了你知道吗？"

一只看起来就很凶的兽猛地跳到我跟前，理直气壮地说："我可没有高空抛物，我是在平地上扔的。如果我从高处扔石头，你早就被砸死了。"

这只兽毛发很长，爪子像老虎，但是比老虎大，脸很像人，但又长着野猪一样的獠牙，看起来就是个惹不得的。

我压制住心中的怒火，说："我刚才又没骂你，你怎么跳出来，还用石头扔我？"

"你犯了我的忌讳，就该扔！"

"你的忌讳？你是谁啊？"

怪兽哈哈大笑："你听好了，行不更名，坐不改姓，我就是梼杌，字傲狠，号

121

难训，跟混沌、穷奇、饕餮一起并称上古四大凶兽。"

"上古四大凶兽又怎么了？"我硬着头皮说，"我又不是没见过，这可是我的梦境，你休想随便欺负人！你得解释解释，我哪里犯你忌讳了！"

"哈哈哈，哈哈哈！"白泽捧着肚皮，笑倒在地上，"说你笨，你还不承认。当着梼杌说棒槌，这不是当着老虎骂大虫吗，它不生气才怪！"

梼杌和棒槌有什么关系？我弄不明白。

白泽看我迷惑，接着说："你们人类不是把冥顽不灵、不知道变通的人叫作'棒槌'吗？梼杌就是这种冥顽不灵的性格，所以人们也就经常叫它'棒槌'。"

"哦，原来你还有个绰号，就是'棒槌'！"我恍然大悟。

"你们给我闭嘴！还敢说我的坏话！"梼杌咆哮着四处寻摸，看来又在找大石头，准备丢我们。

白泽一看，拉起我就飞到了空中，悄悄地说："这家伙有力气，但不会飞，我们在这儿就不用怕它了！"

果然如此，梼杌抱个大石头，抬头看着我们干瞪眼。"这家伙性格非常傲娇，桀骜不驯，要让它配合签名有点儿难啊。"白泽有点儿发愁。

我眉头一皱，计上心来，笑嘻嘻地对梼杌说："梼杌啊，有一件事你肯定不敢做。"

"胡说，哪里有我不敢做的事！你说是什么？"

我拿出《兽谱》和白泽的毛笔，跷跷地问："你敢在这上面签个名吗？"

梼杌一把抢过毛笔，大爪一挥签下了自己的大名，不屑地说："本神兽无所畏惧，看你们能耍出什么花样来！"

白泽目瞪口呆地看着我："就这么简单？"

"就这么简单。对付桀骜不驯的兽，就得跟它唱反调。"我故作淡定，其实心里乐开了花。

"好吧！皮蛋，我暂时承认，你不是大笨蛋。"

"为什么是暂时承认！"我对着说完就跑的白泽大声喊道。

"因为你还需要进一步证明啊！"

这个狡猾的家伙，又在给我挖陷阱！

关于梼杌的来历，有几种不同的说法。

有人说梼杌是颛顼帝的儿子，异常顽劣，桀骜不驯，不听教诲，被驱逐出部落，死后怨气化成了凶兽梼杌。也有人说梼杌就是鲧，即大禹的父亲。他因为治水不力，被火神祝融处死，怨气化成了凶兽梼杌。还有人说梼杌其实是鳄鱼，是楚人的图腾——楚国的史书就叫《梼杌》。

天　狗

我从来没有像现在这样近距离地接触过故宫，自由自在，无拘无束，可以尽情地探索每一个角落。对了，我还有一个无所不知的向导——白泽，从它那里我听到了不少有趣的知识，例如：

紫禁城的"紫"，指的并不是建筑物的颜色，而是紫微星；

冷宫并不是固定的一个地方；

故宫的柱子是"放"在地上的，没有深入地基，这样可以有效减少地震带来的冲击……

白泽真是专家中的专家，各种稀奇古怪的事情，大到殿堂的设计原理，小到石头的摆放位置，以及每个宫室中过去发生的故事，没有它不知道的。它讲得兴致勃勃，我也听得津津有味，就在我们双双忘神的时候，忽然四周变得一片漆黑，连一丝光线也没有了。

我赶紧变出一圈明亮的灯，这才没有暴露我怕黑的事。"不对啊，我没有设置夜晚，怎么一下子就天黑了？"

这时，貘慌慌张张地出现了，见到我们就道歉："都怪我，不小心让天狗闯进了你的梦境，没想到这家伙……"

"天狗食日！"我兴奋得跳了起来，"这么说，天狗真的能吃掉太阳咯？"

"怎么可能！"白泽无语地看着我，"远古时代的人不懂得日食和月食的原理，认为是天狗吃掉了太阳和月亮，就敲锣打鼓想要吓跑天狗。"

"那这是怎么回事？"我指着漆黑的天空。

"天狗跟我打赌，结果我输了，只能按约好的赌注，让它在你的梦境中上演一次天狗食日。"貘尴尬极了，小声说，"我能控制所有生物的梦境……"

"可是天狗为什么要这样做呢？"我纳闷地问。

一只白头狸猫轻巧地跃到我面前，高傲地"喵"了一声："反正不是因为好玩！"

"这是天狗？怎么长得像狸猫？"我吃惊得有点儿语无伦次了。

天狗不屑地看了我一眼："好像你对我很熟悉似的，刚才还冤枉我吃太阳呢！"

我讷讷地解释道："我幼儿园的时候就知道日食和月食的原理了，刚才只是太吃惊了。况且这又是在梦里，所以……"

"所以就冤枉我？"天狗愤愤不平地说，"你们人类可真是奇怪，以前说我是能抵御凶害的吉祥之兽，后来又说我是会带来灾难的天狗星，还说日食和月食是因为我吃掉了太阳和月亮。我要是有这么厉害，早就真的把太阳和月亮吃掉了，急死你们！"

"所以你跑到我的梦境，让貘帮你上演了一出天狗食日，就是为了告诉我，真正的日食、月食不是你导致的？"我恍然大悟。

天狗咧嘴一笑："和聪明人交流就是省事儿！我被冤枉已经有上千年了，在人间可谓声名狼藉，如今你们修复《兽谱》，一定要帮我澄清事实啊！我虽然有时淘气，却一点儿也不坏，更不会吃月亮和太阳！"

"没问题。"我赶紧点头，"说明事实是我义不容辞的责任，你就放心吧！"

天狗满意地为我们签了名，然后高高兴兴地离开了。

看着天狗离去的背影，白泽感慨地说："被人们误解的动物其实还有很多，它们中的大部分都很好，可是人们却因为长相、叫声以及各种传闻，讨厌它们、畏惧它们，给它们扣上'灾星''不祥'的帽子……"

"是啊！"我说，"这对动物们的确非常不公平。我不仅要修复《兽谱》，还要编写一部新的图书，将神兽们的经历原原本本地写出来，为它们正名。"

"那真是太好了！"白泽开心地笑道，"皮蛋，你不愧是我白泽大人的小跟班，我开始欣赏你喽！"

哼，明明你是小跟班才对！

神奇秘语

相传，后羿从西王母那里得到不死的仙药，交给了妻子嫦娥保管。一天，嫦娥误食仙药，飘向天空。后羿的猎犬看到了，就冲入屋内，将剩下的灵药舔尽，然后也飞上天空，追赶嫦娥。后来，这一人一犬都到了天上，嫦娥住在月亮里面。每到月圆之时，猎犬害怕地上的主人因思念妻子而伤心，就张开大嘴，将月亮吞下去。天帝得知真情，感念它的忠心，便封它为"天狗"。

戎宣王尸

"时间如白驹过隙，世事如白云苍狗。"我特别喜欢这两句话，它们听起来酷酷的，有种对命运无可奈何的绝美。第一句话形容时间过得非常快，像白色的骏马在缝隙前飞驰而过，转瞬即逝；第二句是说云朵一会儿像白色的衣服，一会儿像黑色的狗，形容世间万物变幻莫测，难以捉摸。

刚才见到天狗的时候，我忽然想到它或许就是"苍狗"吧，可"白驹"呢，会是什么样子？不知是心想事成，还是特别幸运，我居然不一会儿就见到了真正的"白驹过隙"。

当我和白泽路过一处宫殿时，一道光束照射进开启的宫门，尘埃在光束中舞动，一匹雪白的骏马正好在光束中缓步走进宫殿。

画面简直太美了，我甚至不敢呼吸，生怕惊扰到这匹美丽的骏马。直到它从我的视线中消失，我才长长地吐出肺里的空气。然后，剧情总是出现不可预料的反转，当我正要发表感慨时，忽然门内传来嗒嗒的马蹄声，我看到朦胧的光影里，白色的骏马缓缓向我们走来——似乎有什么不对。

当我看清楚它的样子时，顿时又不敢呼吸了。天啊！这哪是什么白马，它居然没有头！

我呆了半天，才跳起来喊道："救命啊！有僵尸！"

白泽兴致勃勃地问："僵尸在哪里？我在故宫里这么多年，怎么从来不知道这里有僵尸？"

我一手捂着嘴，一手指着没头的白马，用眼睛向白泽示意。

没想到，白泽看了白马一眼，不以为意地说："哈哈，这可不是僵尸。放心吧，它不咬人！"

"那它是什么？"我小声地问。我觉得这马没有头，听力一定不好。

不承想，这么小的声音它居然能"听"到，而且还从腹中发出声音，回答我说："我是戎宣王尸。"

好怪的名字，要是平时我一定会立刻刨根问底，但看到无头的白马正朝我走来，我吓得大气都不敢喘，想要逃跑，双脚却沉重得不听使唤。

白泽惊讶地问："你连穷奇都不怕，怎么会害怕一匹马？"

"这是普通的马吗？这是僵尸马！神兽我见得多了，这么诡异的还是第一次见啊！"我几乎要哭了。

"抱歉！"无头马听到我的话，停下脚步，站在不远的地方，对我"说"，"我总是忘记自己没有头，我不是故意吓你的！"它没有头，我看不到任何表情，但还是能听出它话语中的愧疚，以及淡淡的忧伤。

"它是凭'感觉'来了解周围的事物的。"白泽解释道。

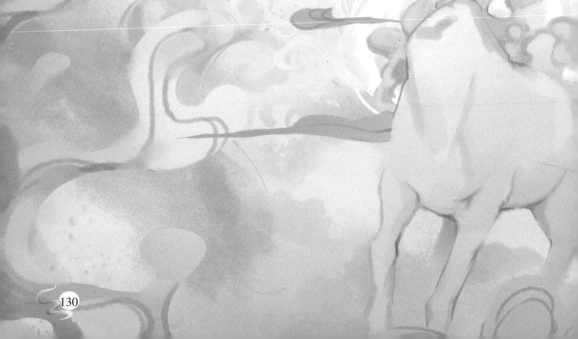

"是的。"无头马，不，是戎宣王尸说，"自从失去头颅之后，我就开始用感觉来重新认识世界。感觉比眼睛和耳朵更好用，它告诉了我很多以前不曾了解的东西——譬如，你是个善良的小孩，你能帮助我。"

"我能帮你什么呢？"

"继续对人们讲述我的故事，告诉他们我早就不是从前那个嗜杀的战士了。对于失去头颅这件事，我并不怨恨和悲伤，我喜欢现在平静的日子。"

"它可比刑天想得开。"白泽说，"同样失去了头颅，刑天一直嚷着要战斗，要复仇。"

"复仇又有什么用呢？"戎宣王尸说，"我早就看淡啦！你们要是知道刑天在哪里，不妨告诉我，我倒想去劝劝他。"

"我也不知道刑天在哪儿。要是遇到的话，我一定把你的愿望告诉他。"

"那真是太感谢了！"戎宣王尸为我们签好了名就离开了。它说它会一直待在故宫里，等着刑天来找它。

神奇秘语

上古时，犬戎王能征善战，他统率大军攻打中原。为了避免生灵涂炭，帝喾许诺说，谁能杀死犬戎王，就将女儿嫁给他。神犬盘瓠跑到犬戎军营里，趁犬戎王喝醉酒的时候，将其咬死，把头颅带给了帝喾。盘瓠得到了应有的奖赏，犬戎族则失去了最强大的首领，只好落荒而逃。自此以后，犬戎人祭祀的神，就以无头的形象出现，也就是"戎宣王尸"。

夔

故宫不愧是皇家重地，里面的宝物多得数不清，我一边四处寻找神兽，一边欣赏宝物。梦境最大的方便，就是可以随意把玩那些平时连听都没听过的珍宝。

白泽警惕地对我说："皮蛋，你可别'见宝眼开'啊，千万不要有把它们带出去的想法——那样会引起现实的混乱的！"

"什么呀！君子爱财，取之有道。我可从来不做那种顺手牵羊的事情！"但好不容易接触它们，我决定仔仔细细看个痛快。

我一间屋子、一间屋子地走，里面的东西看得我眼花缭乱。忽然，有一个东西特别奇怪，像是个鼎，却雕着奇怪的花纹。我赶紧凑过去仔细研究，嘴里念念有词："咦，这个青铜鼎可真奇怪，腿这么长，还扁扁的。这上面的花纹也很奇怪，跟我以前见过的都不一样，有什么特殊的来头吗？"

白泽一脸鄙夷，说："刘姥姥进大观园，都没有你这么少见多怪！这不就是个兽面纹夔足铜鼎嘛。它属于扁足鼎，扁足鼎的足分为龙形和鸟形，其中龙形较多，比如这个鼎，它的扁足被称为夔龙足，鼎上的花纹就是夔龙纹，也叫夔纹。"

"夔龙是什么？"我不懂就问。

"夔龙就是夔，也叫夔牛，是一种上古神兽，与天地同生，世上只有三只。"

我惊叹道："听起来是很厉害的神兽啊！"

"它们生在东海流波山上，长得像牛，却没有角，只有一只足，皮毛灰白色，全身闪耀着日月一般的光芒，吼叫声特别洪亮，就像打雷一样，每次出现都伴随着狂风暴雨。生活在流波山的渔民每次出海前，都会祈求夔保佑他们一帆风顺。在黄帝和蚩尤的战争中，夔立下了汗马功劳。"

"汗马功劳？是什么呀？"

"黄帝在九天玄女的指引下，捕获了一只夔，并用它的皮制作了八十面巨鼓。每面鼓响彻方圆五百里，不仅能让己方军队士气大振，还能让敌军心神大乱。最终黄帝赢得了这场战争，天下也终于安定了。"

这是一个热血沸腾的史诗故事，但是我却觉得夔很可怜。我愤愤不平地问："难道没有夔皮鼓，黄帝就不能取得胜利吗？"

白泽耸耸肩："谁知道呢。你们人类有个词叫作'工具人'，所谓神兽，对人类来说也就是'工具兽'。如果神兽拥有人类想要的东西，就会被捕捉甚至杀害。如果实在没什么用，也可能被吃掉。"

好像的确是这样，就连《山海经》都被戏称为"神兽食用指南"……我尴尬地问："另外两只夔在哪里呢？"

"第二只据说被秦始皇杀了，也做成了鼓。但直到秦朝灭亡人们也没见过声音惊天动地的鼓，所以有人说秦始皇杀的不是真正的夔。至于现在是否还有夔，以及它们在哪里，就没人知道了。"

"我记起来了，《兽谱》上也有夔，要是找不到它们，我们岂不是完不成任务了？它们那么稀少，还遭到追杀，我看现在一定躲到天涯海角去了！"我有点儿沮丧。

白泽咧嘴一笑："其实它就在这呢。"

"啊？在哪呢？"我四下张望，只见一只小小的夔从青铜鼎里爬了出来，它打着哈欠，声音异常洪亮地说："这年头，天涯海角哪有故宫里面更安全呢！"

体形庞大，灰白色，像牛没有角，经常出入于海中，叫声响亮，这会不会让你想到海牛呢？至于只有一只足，或许是因为海牛只有鳍和强壮的尾巴，趴着时尾巴就像是独足。东海流波山，可能是东海中一种会移动的山。这会不会让你想到冰山呢？或许古人看见的，就是一只趴在冰山上的海牛呢。

一座座宫殿，就像一个个藏宝室，我简直逛得乐不思蜀，将修补《兽谱》的正事都丢到了一边。刚刚看完一幅名画，正要前往下一个地方，在走廊上，白泽忽然轻轻拉扯我的衣襟，小眼睛滑稽地往后瞥个不停。

我这才听到，身后似乎有轻轻的脚步声——看来我们被跟踪了。是谁？它打得什么主意？我最喜欢看侦探动画和电影了，于是按里面的老套路，走到拐角处，立刻停下来，等着对方现身。

果然，一个贼头贼脑的家伙冒出头来。我大喝一声："嘿！"吓了它一大跳。

原来是只红色的小怪兽，长得像豹子，头顶上有一只角，屁股后面拖着一、二、三、四、五，整整五条毛茸茸的大尾巴。它跳到一边，惊慌失措地看着我们，有些羞赧地问："请，请问，您是皮蛋先生吗？"

"对啊！我就是皮蛋。你鬼鬼祟祟地跟着我们干什么，是不是心怀不轨？"

"没，没有！"小怪兽矢口否认，然后问我，"您看，我长得怎么样？"

什么？跟踪我就是为了问这个？我仔细打量它一番，说："你嘛！这长相在现实中一定能称得上是惊心动魄，但和这里更奇葩的神兽相比，倒也中规中矩……"

"不是让您评论这个……"小怪兽摇着头说，"您就说说，我长得凶残可怕吗？"

"凶残，算不上；可怕，也不怎么可怕呀！我倒觉得，你长得还蛮可爱的！"

小怪兽一听，竟欢喜得跳了起来，扑到我怀里大声说："皮蛋先生，您眼光可真好！我是您的崇拜者了！"说完，它不知从哪里摸出一只雕刻着精美花纹的玉石盒子，递到我手里，羞涩地说，"这是我老家章莪山的土特产，希望您喜欢。"

我接过来打开一看，好嘛，满满一盒子美玉！原来小怪兽还是"土豪"啊！我吞了吞口水，忍痛将盒子还给它，说："你的好意我心领啦，但这么贵重的礼物，我不能要。"

"这不算什么，章莪山寸草不生，但到处都是这些。"小怪兽说着，爪子一挥，地上出现了一排玉石盒子。碧玉！羊脂玉！我激动得差点儿喘不过气来，

但是理智告诉我，天下没有白吃的午餐，它送给我这么贵重的礼物，肯定是有求于我。而我能帮它的，大概就是《兽谱》修复任务了。难道它想贿赂我，让我把它的名字加上去？

我不喜欢拐弯抹角，于是开门见山地问："说吧，你想让我做什么？"

"爽快！"小怪兽用毛茸茸的爪子为我点了个赞，然后羞涩地说，"我叫狰，狰狞的狰，可我一点儿也不狰狞，真的，我脾气可好了。可不知道为什么人类都用狰狞来形容凶恶的样子，您能不能帮我正个名？"

我拿出《兽谱》，看了一下狰的简介，发现它真的没有做过什么坏事，甚至有点儿平凡过头了。我又打量了一下它的外形，怎么看也不觉得狰狞啊，那么为什么古人会发明"狰狞"这个词呢？难道狞也是一种兽吗？

狰连连点头："对啊对啊，就是狞猫啊。"

我在脑海里搜寻了一下狞猫的样子，也不可怕啊，还有点儿萌。它的要求并不过分，可这词毕竟早就深入人心了，我为难地说："我出去以后会帮你解释的，但恐怕未必成功，这词人们已经使用很久了……"

"没关系，只要您能为我发声就行。"狰诚恳地把玉石盒子全都推到我面前，"这些就请您笑纳吧。"

我正要忍痛拒绝，白泽插嘴道："其实你可以收下的。"

"真的吗？"我惊喜极了。

"反正梦里的东西你也带不回去。"

"……"

神奇秘语

相传狰生活在西方的章莪山上，头上长角，身后拖着五条尾巴，行动极其迅捷，连老虎、狮子都畏惧它们。章莪山上多玉，狰平时就用头上的角敲击玉石，发出"铮铮"的响声。野兽听到这种声音，无不惊骇远避，但有经验的玉匠却能在这声音的引导下，找到山中最珍贵的美玉。

加默良

　　奇珍异宝欣赏够了，我悠闲地走到御花园中散步，品味当年皇帝的生活。白泽为我讲解了这么久，大概也累了，就趴在我肩膀上呼呼睡大觉，看起来比我还惬意。

　　我正站在一棵大树下，猜测它的年龄，忽然一只小兔子慌慌张张地从跟前跑过，嘴里不断念叨："糟了糟了，加大人又不见了，要是在太阳落山前找不到加大人就麻烦了！"

兔子又不是神兽，怎么也会说话？

我居然听得懂兔子说话！

不过，加大人是谁？

难道这里还有别的人类吗？

好奇心驱使我追上去问道："嘿，兔子老兄，你说的加大人是谁啊？"

"加大人可是故宫里的红人，它是从很远很远的地方漂洋过海来到这儿的。它的本领可神奇了——能随意改变身上的颜色，一会儿变成黄色，一会儿变成蓝色，还能在身上变出一整条彩虹来！"小兔子神秘兮兮地说。

"为什么在太阳落山前找不到加大人就麻烦了？"我好奇地问。

"在这里住过的好几位皇后娘娘都非常喜欢加大人，她们几乎每天要看它表演，于是紫禁城里就形成了一条约定俗成的规矩——宴会一定得有加大人。没有加大人的演出，就不算是地道的皇家宴会。今晚，神兽也要举办宴会，要是到时见不到加大人，岂不坏了大家的兴致……"小兔子都急得团团转了。

皮肤颜色会改变，难道是变色龙？如果是变色龙，事情就简单多了。

我安慰小兔子："你别急，或许我能帮你找到它，但你得先回答我几个问题。加大人是不是总是在树上？皮肤是不是会变色？是不是很喜欢吃昆虫？"

小兔子连连点头："没错没错。"

看来是变色龙无疑了，接下来的问题就是怎么找到它。看着御花园里郁郁葱葱的树木，我沉默了。

"您也没有办法了吗？"小兔子失望得快要哭了。

我冥思苦想，突然灵光一闪，大喊："有了！"

加大人不是喜欢吃昆虫吗？我用意念变出很多很多机械昆虫，让它们在御花园里飞来飞去，没一会儿，就在一棵高大的古树上发现了加大人的踪影。

我飞起来，把它带到地面上。小兔子开心得一蹦三尺高，差点儿跳到我脸上。

加大人慢吞吞地说："你好，我叫加默良。"

"加默良？ Chameleon？这不就是变色龙的英语单词吗？"

"哈……哈……哈，是的哦。皮蛋果然不是大笨蛋。"加默良慢吞吞地点头。

谁说我是大笨蛋了！真是坏话传千里，我想把肩膀上的白泽扯下来，让它解释清楚。但听到它轻轻的鼾声，心想它为我讲解了这么久，也辛苦了，就先原谅它一次。

"人们也叫我避役、十二时辰虫、革马良。役的意思是必须出力，但是我平常都是守株待'虫'，人们认为我不用出力就能获得食物，因此叫我避役。唐朝的时候，人们在不同的时辰看见我，我的皮肤颜色都不一样，于是他们也叫我十二时辰虫，认为看见我就能交好运。"

它的速度实在太慢了，说这段话用了两分钟，听得我都快睡着了。接下来又用了两分钟，加默良在我的协助下完成了《兽谱》的修复。

离开之前，加默良对我说："我要回去准备宴会表演了，真希望你也能参加——"

参加神兽的宴会，听着就兴奋，我刚要答应，谁知它又慢条斯理地说："可惜这次宴会只对神兽开放，你不能进去……"

白高兴了，真是可惜！不过也没什么，这故宫里值得逛的地方还有很多，我不会感到无趣的。直到这时白泽还在呼呼大睡呢，我觉得"避役"的称号给它倒是不错！

变色龙变色不是依靠色素细胞，而是调节皮肤表面的纳米晶体，通过光的折射来变色。它变色有三个作用——伪装自己，表达心情，传递信息。

平静时，它们的皮肤折射出蓝光；兴奋时，折射出黄光或其他颜色；示威时，它们的身体颜色变得明亮；被雌性拒绝时，颜色变得暗淡；发动攻击时，颜色变得很暗。

huàn

貛

"白泽，神兽的寿命是不是都很长啊？"

"不一定，有的很长，有的就没那么长。"

"那最长寿的有多长？"

"我想想啊，"白泽伸出小爪子比画，"麒老大挺长寿的，能活两千多年。夔也挺长寿的，可惜死得太早了。基本上，上古的神兽们都挺长寿的，尤其是独一无二的那种。"

"那你呢？"

"我也是上古神兽，独一无二的那种，当然也很长寿！"白泽骄傲地仰起小脑袋。

"那……有没有长生不死的？"

"你别说，还真有。"白泽翻开《兽谱》，指着其中一页，"䝙，不可杀，就是说它不会死。这就是一种长生不死的神兽。"

我惊叹道："厉害了！那它现在得活了多少年了啊？"

"它死了。"

"啊？不是说不会死吗，怎么就死了？"我非常诧异。

白泽摊开小爪子："人类知道它长生不死，就把它杀了呗。"

"知道它长生不死，就把它杀了？"我震惊地重复了一遍白泽的话，"书中不是写着'不可杀'，人们为什么还要杀它？再说杀了它能得到什么？难道吃了它的肉就会长生不老，像《西游记》里说的吃唐僧肉一样？"

"你一下问这么多问题，"白泽说，"我一个也回答不上来！谁知道你们人类是怎么想的，书中越是说不可以的事情，你们就越喜欢干；书中越是说不能碰的东西，你们越喜欢争着去碰。我知道世间万物，唯独搞不明白你们的想法，或者说是心……"

人心难测嘛，人类自己早就总结过了，让白泽弄明白，真是难为它。于是，我说："你还是别弄明白的好，我也不想弄明白，但我会尽力让自己不去做那样的事情。"

白泽点点头，说："是啊！为了一些莫名其妙的传说，就杀掉独一无二且无辜的神兽，最后还什么也得不到，这实在是不可理喻，简直愚蠢至极！"

"巢已经灭绝了，这一页《兽谱》又修补不好了，我们要把它也撕掉吗？"

"什么啊！哪能总撕掉。"白泽古灵精怪地说，"还好我记着巢长什么样子，就让我来修复吧。"

它拿起毛笔，一边在纸上画，一边说："巢长得像羊，但没有嘴巴，也不吃东西，它性情温和，神色高傲，就像是洁身自爱的君子……"

听它这一说，我对这种神兽的灭绝又多了几分悲痛。巢一定是非常高洁的动物，可惜却死在了贪婪、愚昧的人手中，想想就让人气不能平。

看着白泽画的巢没有嘴巴，我感到奇怪，又有些羡慕，说："如果人类也可以不吃东西还能活着，那该多好啊，能节约很多时间呢。"

白泽非常不认可，小脑袋直摇："才不是呢！我觉得吃是一种享受，要是没有那么多美食的话，不知道生活要少多少乐趣！况且对我们神兽来说，最不缺的就是时间。"

好吧，我想想美味的火锅，顿时觉得它说的也有道理。这时，白泽已经画好了，扬着小爪子说："怎么样？是不是栩栩如生，活灵活现？小技能而已，可不要崇拜我哟！"

我盯着它画好的《兽谱》，忽然觉得不对劲："不对啊！既然你自己就能修复，为什么还要我一个一个去收集？"

"啊？那个，那个……"白泽心虚地动动耳朵，然后义正词严地说，"没有神兽签名的《兽谱》是没有灵魂的！"

是这样吗？我严重怀疑白泽在忽悠我，却没有证据，而且破坏《兽谱》的人是我，我能怎么办呢？当然是继续寻访神兽啊！

神奇秘语

或许獬并不是没有嘴巴，只是嘴巴长得比较隐蔽，人类远远看去，就像没有嘴巴一样。现实中也有很多这样的动物，比如高鼻羚羊，它的鼻子非常大，并且向下弯，几乎遮住了嘴巴，看上去就像没有嘴巴一样。

麈

走着走着，我忽然想起古装电视剧里的情节，皇宫里的人不都是要拿拂尘的吗，于是兴致勃勃地给自己也变了一把，一边走一边挥舞，可嘚瑟了。

没想到，白泽一见，哈哈大笑起来："古代宫廷里的人才不拿这个呢，就连太监都不拿。你又是在哪看到的，不会是电视剧里吧？"

"嘿嘿，是的。"我不好意思地点点头。

"所以说嘛，多读书，少看电视剧，尤其是不严谨的电视剧。"见我犯错，白泽似乎特别兴奋，开始喋喋不休地教训起来，"在古代，拂尘既是皇室卤簿仪仗用具，也是道教和佛教的法器，可不是随便谁都能拿的哦。还有一种高级的拂尘，名叫麈尾，那更是贵族雅士身份的象征，普通人是不能使用的。据考证，诸葛亮的'羽毛扇'其实就是麈尾，是非常名贵的风雅之物。"

原来如此。我就觉得奇怪，为什么诸葛亮总是拿个扇子，冬天他不冷吗？现在谜题终于解开了，原来那扇子不是扇风的，而是名片——上面"写着"我是雅士，我高雅尊贵呀！

一个谜题解开了，我又想到了一个问题："拂尘我知道就是拂去灰尘的意思，可是麈尾是什么意思呢？"

"麈是一种兽，长得像鹿，会说话，尾巴能引领群鹿。因此人们认为麈的尾巴能指引方向，就用麈的尾巴配以名贵的柄和装饰物，做成一种掸尘的工具，称为麈尾。魏晋时期的文人雅士崇尚清谈，清谈的时候，手持麈尾的人地位是最高的，由他来决定话题。"白泽喝了口可乐，"对了，麈还能防止红色的丝绸生虫和变色。"

"不用说，鏖又要倒霉了。"我已经能猜到接下来的剧情了，"如果某种兽类拥有人们需要的某种东西，那它就要倒霉了。"

"没错！连我这样的上古神兽，他们也想拔我尾巴去做毛笔，真是太过分了！"白泽生气地拍打着小爪子，"哼，他们就是欺负我不够厉害，像麒老大就没人敢欺负它。"

我摇摇头，说："没人欺负麒老大，不是因为它厉害，而是因为它是仁义和祥瑞的象征吧。"

"你说得很有道理。"白泽叹气，"神兽虽然看起来很强大，但是人类懂得合作，还发明了很多新东西，现代科技更是厉害，神兽的时代已经过去了。"

我不知道怎么安慰白泽，于是给它变出了一大桶冰可乐。

"皮蛋你真是太懂我了！用冰可乐泡澡就是我现在的梦想！"白泽欢呼一声，直接跳了进去，立刻忘记了所有的烦恼和感叹。

"喂！别高兴太早，还得修补《兽谱》呢。我们就顾着讲鏖尾，鏖该去哪里找呢？"我连忙提醒它。

"鏖才不会在这里。"

"啊，难道它们也像犠那样被杀光了吗？"

"这倒没有。"白泽说，"只不过它们遭到杀戮之后，非常不愿意和人类共处，全都隐居到深山老林里去了，要找到它们可不容易……"

也是，有几个动物愿意和人类共处呢。既然鏖已经远远地离开了，我们又何必去打扰它们平静的生活，于是我当即决定："那我们就不去拜访鏖了！"

"可《兽谱》……"

　　"当然是能者多劳了。"我笑嘻嘻地说，"你的画艺不是栩栩如生、活灵活现嘛，怎么能推辞呢？这任务就归你啦！"

　　"好吧！"白泽垂着小脑袋，低声说，"看来随便炫耀本事，还真是要吃亏的！"

　　据古籍记载，麈尾是用麋鹿的尾巴制作的。麋鹿也叫四不像，它的头像马，角像鹿，蹄子像牛，尾巴像驴，体形比鹿大。麋鹿的性格非常温和，容易被天敌和人类捕杀。它们曾经广泛分布在黄河和长江中下游地区，但在汉朝以后逐渐减少，现在只有在某些地方的深山中，才能见到它们的踪迹了。

bó

駮

接下来的目标是什么呢？白泽将《兽谱》翻到一个空白页，我看着上面的文字"駮"，按照右半边的"交"读道："jiāo。"

"真是胸无点墨啊！"白泽翻着白眼说，"这念'bó'，在古代这个字和斑驳的'驳'是相通的。"

"好吧，好吧！是我无知了。不过这也没什么嘛，和你这上古神兽比起来，我可还是个小宝宝，不认识这么复杂的字也是正常的。"

白泽眨巴眨巴眼睛，用它的小奶音反驳道："不要给自己找借口，咱们俩比起来，难道不是我更像小宝宝吗？"

我俩大眼瞪小眼，瞪了半天，还是我认输了。一是因为白泽现在的样子着实太可爱了，二是因为它用眼神威胁我：我会电击哦。

我问白泽怎么才能找到駮，白泽想了一下，兴致勃勃地说："我们来玩个cosplay 吧，你扮个老虎。"

在故宫里玩 cosplay，这可是我幻想了许久的愿望啊！我立刻来了兴趣，变出一套扮老虎的服装，穿在身上，又往地上一趴，"呜嗷"地吼了一声。

"不行，不行！太幼弱了，駮对这么弱的小老虎不感兴趣。"白泽说着，拿出手机，搜索出老虎的叫声，然后将音量放到最大，不知它用了什么法术，虎啸声像被放大了好几倍，声音震耳欲聋，在故宫中远远传开。我虽然不知道它这么

做的原因，但也配合着做出扑咬、腾跃的动作。

过了好一会儿，四周还是安安静静的。我忍不住问："怎么还不来，你这方法行不行啊！"

白泽皱着眉头，自言自语："駮最喜欢吃老虎了，为什么听见老虎的声音还不出现呢？"

"什么？吃老虎？可我现在就是老虎啊！"我吓得跳了起来，正想脱掉老虎衣服，就听见一声像鼓声一般响亮浑厚的咆哮声，紧接着一匹雪白的长着独角的骏马奔驰而来，露出尖利的獠牙和锋利的爪子向我扑来。

我手忙脚乱地飞了起来，大喊："白泽，为什么这匹马会有獠牙和爪子？"

"因为它就是駮。駮长得像马，但是喜欢吃老虎和豹子，当然要有獠牙和爪子啊。"白泽笑嘻嘻地说。

这个家伙，明知道駮这么凶猛，还让我 cosplay 老虎，真是可恶，我有点儿生气了。但显然，旁边的駮比我还生气，它咆哮着，蹿上蹿下，把铺着石板的地面都踩得凹凸不平。

"怎么样？我就说駮勇猛无敌吧！谁要是能在战场上骑着它，肯定攻无不克，战无不胜！依我看，神兽里的'战神'这一称号，就归它了！"白泽冲我挤挤眼睛，"皮蛋，你说是不是呀？"

我立刻明白了白泽的意思，从旁捧哏道："那是必须的，我还没见过这么厉害的神兽呢！"

听了这话，駮的怒气顷刻烟消云散，脸上居然露出得意的神色。

白泽再接再厉地说："你们人类遇到这么厉害的大英雄，一般会怎么做呢？"

我立马把《兽谱》捧到駮的面前，恭恭敬敬地说："当然是请它签名了！"

駮看到我还有些害怕，抓起毛笔，没好气地打了个响鼻，说："怕什么！你又不是老虎，我才不会吃呢！谁会吃人啊，又狡猾又讨厌，吃到嘴里一定满嘴坏水……"

虽然它说得难听，但我总算是松了一口气：太好啦，不用被吃掉了！

因为被嫌弃而感到开心，这种感觉可真是太奇妙了。或许那些在人类看来没用又丑陋的动物，就是这个心理吧！

相传，北齐时兖州境内多野兽，很多凶猛的虎豹跑出山林，到村里、城里伤人，官府组织了好几次捕杀活动都没有奏效。后来，爱惜百姓的官吏张华原被调任为兖州刺史，他刚一到任，就出现了六头驳。这些驳到处抓捕野兽，很快就将州里害人的虎豹全都咬死了。人们都说，这是张华原的正直、爱民感动了上苍，上苍派驳来为他清除祸害。

我清点了一下《兽谱》上的名单，未被修复的已经寥寥无几，看来神兽任务就要完成了。这本来是件高兴的事，可我心中却有种怅然若失的感觉，我意识到，在以后的人生中，可能再也不会有这种神奇的时光了——跟神兽成为朋友，独自在空无一人的故宫里随意游荡，不用想学习的事……

我感慨地说："白泽，你知道吗，对我来说，这段神奇的时光就像一场美好的梦，我都舍不得醒过来了。"

白泽迷惑地看着我，用小爪子摸摸我的额头，然后毫不留情地打击道："你没有发烧呀，怎么糊涂了呢？这本来就是一场梦，我们都在你的梦境里啊。"

"真是不解风情！"我哀叹道，"你这家伙，就不能给我一个感慨的机会吗？说不定我酝酿一会儿，也能写出点文章啊诗歌什么的。"

"你不是这块料。"白泽再次给了我一个暴击，气得我张大嘴却说不出话来。

可能自己也觉得不好意思，白泽随即又赶紧安慰我："庄周梦蝶，蝶梦庄周，到底哪个才是梦境，谁又能说得清呢。你觉得呢？"

"我觉得我不想继续这个话题了。"我装出不搭理它的样子，继续在故宫里转悠。既然任务要结束了，我得再仔细看看，尤其是那些平时游客去不了的地方，绝不能浪费了这次机会。很快，我在游览开放区外，找到了一些看起来非常破旧、没有修缮过的地方。我像探险一样，在这些荒芜的宫殿里寻宝。别说，在这些遍布灰尘气味的地方，还真让我找到了一个"宝贝"——它像是一个小木头盒子，里面装着两只酒杯。我对酒杯没有什么兴趣，倒是被盒子的形状深深吸引。

白泽似乎要弥补刚刚失言的过错，见我看着小盒子出神，主动贴过来，笑着说：

"哎呀，雕刻得真是惟妙惟肖啊，你知道这是什么吗？"

"不就是个彩绘的双头猪形盒子嘛！"

"那你知道它有什么来头吗？"

这可不知道，我只好摇摇头。

白泽笑着说："告诉你吧，这双头猪叫'并封'，战国时期的楚国人最喜欢用这种盒子来放酒杯。不过，看这工艺，似乎年代没有那么久，或许是宫里的宫女或太监收藏的小玩意儿。"

"为什么要做成并封的样子呢？两个头有什么寓意吗？"

"并封是种神兽，身体像猪，前后都是头。在古代，猪是非常重要的家畜，象征着丰收和富足，双头猪象征富上加富，永远富足安康。"接着，白泽神秘兮兮地压低声音，"并封也叫鳖封或者屏蓬，有小道消息说，猪八戒的原型可能就是并封。"

原来，小小的木盒也有这么多说道，而且还寄寓着人们的美好愿望，它在我心中顿时变得亲切起来。我小心翼翼地打开它，取出里面的酒杯，捧在手里仔细观察，

在酒杯的底部发现了两个名字——小平，小安。他们是什么人？有什么样的故事呢？他们可能也是小孩子，在休息的时候，找个偏僻的角落，晒太阳，吃零食，喝饮料，聊天……可能他们也会说："看见并封就能带来好运哦。"

"对了，并封！我们还没找到并封呢！"我赶紧问白泽上哪儿找并封。

白泽用小爪子挠挠脑袋，为难地说："好像已经很久没听到它的消息了，或许只能我来修复了。"

我不由得幻想：很久没有听到并封的消息了……会不会它真的就是猪八戒的原型呢？

并封和一般的双头动物不同，它的两个头不是长在一面，而是分别长在身体的两端，这给它的行动带来了不便。但同时，这也意味着优势——能让并封真正眼观六路，耳听八方，在危险到来之前，就早早逃开。所以，它们虽然没有其他神兽那样机敏，却很少被抓住。

"下一个任务是什么呀？"我问白泽。

白泽没有回答，反问："皮蛋，你知道东北的大森林里谁力气最大吗？"

"东北的大森林里，自然是东北虎了！"我不假思索地回答。

"不对！"

"什么？还有比东北虎更强壮的动物？"

"当然了，人外有人，兽外有兽。这就是我们今天要找的主角——罴！"

难怪呢！罴，是熊的一种，个头儿比一般的熊要大得多，不仅力大无穷，还能像人一样直立行走，所以，人们形象地称它们为"人熊"。人熊可是东北深山老林中的霸王，连老虎都得躲着它们，最有经验的猎人也不敢去招惹它们。我衡量了一下自己的实力，满怀期待地看着白泽，问："伙计，这个签名能不能就由你代劳？"

白泽的小脑袋又成了拨浪鼓，说什么：按照规则，只有已经灭绝的，或者不可能找到的兽类，它才能代为修复；仍然存世的，就必须找到神兽，由它亲自修复。

也就是说，找到罴的大任我是逃不掉了。

"我总结了一下，这其中有两个问题。"我伸出两根手指，"第一，我上哪儿去找罴？第二，我要怎么跟它沟通？第三，它要吃我怎么办？"

"你这不是两个问题，是三个了。"白泽迟疑了一下，"皮蛋，你是不是数学不太好？要不要我帮忙？"

我气得跳了起来，大叫："我数学好得很！这是幽默，幽默！你不帮我完成任务就算了，还取笑我，这算什么好朋友呀！"

"别担心，我说让你完成，也不是自己就束手旁观呀。"白泽拿出手机，晃了

晃说，"还是老办法！"它搜索到鹿的叫声音频并播放。

　　看白泽这么做，我赶紧跳到旁边的大树上。不一会儿，一个黑乎乎的大块头跑了过来——正是贪吃的黑。它转了一圈没找到鹿，觉得受骗了，气愤地站立起来，一边咆哮，一边挥舞强壮的爪子。我抱紧树枝，真担心这大树扛不住它的愤怒。

白泽在旁悄悄跟我说："快变一只鹿出来！"然后又对着罴露出一个很狗腿的笑容，奶声奶气地说："罴大哥，别激动，我们只是想请你帮个忙。"

罴抬起头，甩了甩脑袋上长长的毛发，像人一样双手抱在胸前，瓮声瓮气地说："给点吃的！"

白泽把毛笔塞进罴的大爪子里，坚定地说："签了名就给吃！"

罴想也不想，拿起笔就在《兽谱》上画了一通，然后继续瓮声瓮气地说："给点吃的！"

白泽和罴都期待地看着我呢，但是，在这重要的时刻我竟然掉链子了！眼睁睁地看着自己亲手变出的小鹿被罴吃掉，我实在是做不到啊！在罴的"熊"视眈眈下，我努力露出一个比哭还难看的笑容，艰难地问："罴先生，您吃烤肉可以吗？"

没想到罴竟然一口答应："行。"

"太好了，我还担心您嫌肉不新鲜呢。"我如释重负，赶紧"变"出一大堆烤肉，让罴大快朵颐。

罴一边狼吞虎咽，一边含含糊糊地说："这年头，你们人类的足迹无所不至，我们要找点儿吃的可真难，能吃饱肚子就不错了，谁还挑剔肉新鲜不新鲜啊。"

白泽悄悄告诉我："你别看罴样子凶巴巴的，古人认为它像熊一样勇敢刚毅，因此用它来比喻忠贞不贰的大臣。"

我不由得惊叹："果然是熊不能貌相啊！"

神奇秘语

　　罴是陆地上第二大食肉动物，成年罴的体重可达 600 ~ 800 千克，在食物丰富的夏季，体重还会增加一倍。它嗅觉灵敏，视力也很好，力气很大，不仅能直立行走、爬树、游水，还能快速远程奔跑，可以说陆上少有对手。但由于人类的活动，罴的数量急剧减少，有些亚种甚至已经灭绝。

般第狗

罴先生吃饱了，就开始唠叨起来，一边抱怨故宫里的嘈杂，一边抒发对深山老林中故乡的思念，说到动情处，竟粗着嗓门哽咽起来。我不得不变出一大片森林的幻象，让它玩个痛快。等费劲巴拉地将罴先生哄好，送走，我和白泽都已经精疲力竭了。

"果然在粗犷的外表下，都有一颗细腻的心灵……"我说，"希望下个任务不要再这么伤感了。"

"哎呀！"白泽指着《兽谱》忧虑地说，"我们下一个要拜访的，恰好也来自异国他乡，而且它的老家比罴先生可远多了……"

我一看，上面写着：般第狗，来源于欧罗巴的意大利国，住在巴铎河中，在水中筑巢，喜欢昼伏夜出，牙齿锋利，能够咬断树木……

"外国的狗还真是奇怪，不仅住在水里，还喜欢咬树木，和中国的狗狗完全不同嘛。不知道脾气怎么样，要是也像罴先生一样，非得让我变出一条大河来，我可力不能及啊！"

白泽听了我的自言自语，无奈地提醒："笨蛋，哪个要你变河了！故宫里不是有金水河吗？般第狗一定在那里筑巢，我们去找它！"

金水河就是故宫的护城河，在故宫里面的叫内金水河，天安门前的叫外金水河。按照五行学说，西方属金，这条河的源头在北京西郊，因此叫金水河。

白泽拉着我，一路飞奔来到金水河边。我用意念变出一艘迷你潜艇，终于可以实现"潜海"的愿望了。我迫不及待地跳进潜艇中，驾驶着它在河道中搜寻。很快就有了收获——在靠近一座石桥的地方，我们发现一道树枝、木屑搭建的水坝，旁

边有个洞口幽深的巢穴。

　　我热情地对着巢穴里面大喊："嘿，般第狗先生，您好吗？"

　　巢穴里面一片寂静，似乎什么也没有。

　　白泽又无奈地提醒我："般第狗很胆小的，白天潜水，黄昏才出来活动。"

　　"对啊，我怎么没想到呢！"我立刻把时间设置为黄昏，收起潜艇，"埋伏"在河岸边，等待般第狗的出现。

　　不一会儿，一个黑油油的小脑袋警惕地从水边露出，它动作迟缓地爬到岸上，挪动着胖乎乎的身体，好像是要寻找树枝和树叶。等等，它原来不是狗狗呀！难怪呢！我茅塞顿开，原来"般第狗"就是现在人们说的河狸，这不是"指狸为犬"嘛！

　　不管这么多了，先打招呼吧。我对这只胖河狸喊道："嘿，般第狗先生，您好吗？"

　　可怜的般第狗先生吓坏了，飞快地跳进水里，拼命用尾巴拍打水面。我知道，它这是在向小伙伴报警。

　　我赶紧道歉："对不起，对不起，我不是故意吓你的，我不是坏人，您别怕。"

　　"坏人都说自己不是坏人！"般第狗先生一双眼睛露出水面，警惕地看着我。

　　"我是皮蛋，和白泽一起负责修复《兽谱》的任务。"我把躲在旁边看戏的白泽抓了出来，"您认识白泽吧？"

　　般第狗先生诚实地摇摇头。

　　这下轮到白泽不淡定了："什么？神兽界还有不认识我白泽的吗？"

　　"我，我是外国兽。"般第狗先生不好意思地说。

　　白泽气坏了，用它的小奶音气呼呼地说："赶紧来签名！"

　　般第狗害怕得瑟瑟发抖，飞快地签好名，一溜烟儿游走了。

难得见到白泽哑口无言的样子，我笑得肚子都疼了，然后就遭遇了久违的白泽电击。

河狸是杰出的堤坝建筑师，它们孜孜不倦地用收集到的建筑材料——树枝、石块、泥巴等——垒成堤坝，阻挡小河和溪流，为自己营造一大片池塘甚至湖泊，这就是它们安全的家园。河狸擅长游泳和潜水，白天很少出来，夜间才会出来活动，寻找食物和建筑材料。

但是，因为人类喜欢用它们的皮毛制作服饰，导致河狸的数量急速下降，已经成为濒危物种了。

恶那西约

　　般第狗先生走后，我和白泽又跳进潜艇中，在金水河里进行了一场痛痛快快的探险。河虽然不大，但别忘了，我们可以变小——乘坐缩小的潜艇，在护城河里也能获得探索汪洋大海的乐趣。当看到那些巨大的鲤鱼，像传说中的鲲一样在身边滑过时，别提有多刺激了。

　　总之，我们玩得大汗淋漓。然后，心满意足地回到岸上，舒舒服服躺在树干上晒太阳。就在这时，我看到一个硕大的头颅，正在不远处盯着我。这让我想到了一句诗：你站在桥上看风景，看风景的人在楼上看你。

　　谁在看我？我揉揉眼睛，原来是头高大的长颈鹿，它一边嚼着树叶，一边打量着我和白泽。在见识了这么多神兽以后，我早就不会再有"故宫里为什么会出现长颈鹿"这种疑惑了。我热情地打招呼："嘿！长颈鹿先生，今天的阳光可真好，树叶的味道怎么样？"

　　"刚才我还觉得'味同嚼蜡'，不过看到你们好多了。"

　　"这是为什么呀！"我好奇地问，"看到我们还能改变树叶的味道？"

　　"心情好，味道自然好了！"

我又不明白了。长颈鹿先生继续解释道："听说你们修补《兽谱》，我等了好久，你们都不来找我，还以为你们要把我排除出神兽的行列呢。原来，你们在这儿等我呀！"

原来是这样啊！可是，我不记得《兽谱》里有它呀！我悄悄地对白泽说："《兽谱》里根本没有长颈鹿，我们该怎么告诉它呢？它失望了会不会翻脸啊……"

白泽小眼睛一瞪："一看你就没看仔细，这不就是长颈鹿吗？"

我去看它翻开的那页，只见上面写着：恶那西约，利未亚产兽，首如马形，前足长如大马，后足短。长颈，自前蹄至首高二丈五尺余……

还真是！不过这名字可真奇怪，如果不仔细看下面的描述，谁会想到这就是长颈鹿呢，我还以为是什么凶恶的怪兽呢！

"恶那西约先生，我知道您的老家在非洲大草原，可您是怎么来到故宫的呢？"我好奇地问。

长颈鹿歪着脑袋想了想，苦恼地说："我也不知道，那是很久很久以前，我祖先时候的事情了。"

白泽在旁边走来走去，脸上分明写着几个大字——我知道。

于是我虚心向白泽请教。白泽科普道："明朝永乐时期，有一个名叫榜葛剌的国家——大约位于现在的孟加拉国。榜葛剌的国王去世了，永乐皇帝派使者前去吊唁，并且册封他的儿子为新国王。两年后，新国王为了表示对永乐皇帝的感谢，向明朝进贡了一些奇珍异兽和土特产，其中就有一种叫作洋麒麟的动物，跟中国神话中的麒麟有很多相似之处。麒麟是象征祥瑞的瑞兽，这让永乐皇帝和臣民们都非常开心，还有官员写文章歌颂这件事。当然，这里所谓的'洋麒麟'就是长颈鹿，当时音译为'恶那西约'。"

"孟加拉国产长颈鹿吗？"我有点儿纳闷儿。

白泽猜测道："或许是榜葛剌国王知道中国人对麒麟的崇敬，从非洲找来的吧。"

"原来是这样啊，谢谢你们为我解惑。真没想到，我们竟然曾经被称为洋麒麟

呢！" 恶那西约高兴极了，送了我们一份特别的礼物——一大堆树叶。

它把树叶推到我们面前，害羞地说："现在我觉得，这是世上最好吃的树叶，希望你们也喜欢。"

"我们很喜欢！"我和白泽郑重地收下了这份礼物。虽然我不能把它带回现实中，但我会珍藏在记忆里。

神奇秘语

长颈鹿拉丁文名字的意思是"长着豹纹的骆驼"，刚出生就有1.5米高，成年后身高可达6~8米，体重约700千克，是世界上现存最高的陆生动物。

长颈鹿的睡眠时间很短，为了躲避危险，它们一天只睡两个小时。由于脖子实在太长了，它们睡觉时通常都是站着，把脑袋靠在树枝上，让脖子不那么累。

三角兽

　　神兽任务已经接近尾声，我翻了一下《兽谱》，只剩下三角兽和独角兽了。好家伙，一个三只角，一个一只角，平均一下就都有两只角了……不对，我在想些什么啊，得赶紧完成任务啊。我停止胡思乱想，问："我只听过三角龙，没听过三角兽，它是做什么的？"

　　"这家伙是个瑞兽，住在西凸山，当君王贤明，把国家治理得井井有条时，它才会出现。因此古人把它当作祥瑞的象征，还……"

　　白泽突然闭口不说了，这可把我好奇坏了，赶紧追问："还怎么了？"

　　白泽气哼哼的，过了好一会儿才不情愿地说："还给它做了旗帜。"

　　"什么旗帜？"

　　"就是……军旗啊，皇帝的仪仗队旗帜什么的。"

　　"对了！你不是也有旗帜吗，叫什么'白泽旗'？这样看来，你们两个倒挺像呢，有没有什么亲戚关系呀？"

　　"什么！"白泽嘴巴噘得像小喇叭一样，嚷道，"我和它像？我才没有那么丑！"

　　"可是……"我坏笑着说，"《兽谱》上就是这样写的呀，你看：三角兽，其首类白泽，绿发，三角……"

　　"瞎写，乱写，以讹传讹！"白泽委屈地说，"你看我多可爱，我的头上端端正正地长着两只小角，三只角那得多丑，我才不像它！"

　　我刚要安慰它，就听到一声怒吼从空中传来："谁要你像了，你才是丑八怪！"

　　紧接着一个迅捷的身影落在我们的面前，声音虽然严厉，动作却非常优雅，我仔细一看，别说还真和白泽有几分类似，除了头上是三只角，尾巴大了一些，简直和白泽是一个模子刻出来的。

"三角兽？"

"正是小爷！"三角兽头一昂，"我最讨厌别人在背后说我坏话了！"

"居然说我长得丑，也不照照镜子！"它摸了摸自己的三只角，说，"牛啊、羊啊、鹿啊的，才会长两只角，真正的神兽都像我这样，独树一帜、与众不同，这

就叫性格！"

别说，还挺有道理。我居然听得不由自主地点了点头，白泽狠狠地瞪了我一眼。三角兽见了，得意地甩着头上的绿毛说："看这色泽，这造型，绿色可是健康、环保的象征，如今神兽界最流行……那些不懂时尚的土老帽，才会觉得我丑。"

白泽一听，气得毛都奓起来了："你才是土老帽！你就是丑！你知道手机吗？知道可乐吗？坐过潜水艇吗……"

哈哈！原来和我一起玩，是这么值得骄傲的事呀！白泽说出一大串我们一起经历的事物，把三角兽听得一愣一愣的，骄傲的神色变成了羡慕，语气也开始恭敬起来……

"那个，那个，白泽兄弟，你说的都是什么呀？看来我真的有点儿跟不上时尚了，你能介绍我也了解了解这些吗？以后我承认你长得比我可爱还不行吗……"

白泽得意扬扬地指着我说："皮蛋，你变个手机给它，让它看一看外面的世界，开开眼界！"

真有你的！当着我的面，借花献佛。白泽看出我的心思，贴在我耳边小声说："别忘了，它也是瑞兽。给它变个手机，将来我们就能随时找它一起玩儿了，会给你带来好运的。"

神兽来找我玩儿？要是让小伙伴们知道我有这么多神兽朋友……光是想象一下这个画面，我都激动不已。早知道能这样，我就给每个神兽都变出一个手机了。于是，我立刻变出一个最新款的手机，交到三角兽手中。

三角兽开心得不得了，白泽也挤眉弄眼地对我偷偷笑了起来。

神奇秘语

曾经有一种动物也长着三只角，它就是三角龙。在恐龙的故事中，三角龙是很受欢迎的。它是一种草食性恐龙，大约生活在距今 6800 万年到 6500 万年前，是最晚出现的恐龙之一。

三角龙是杰出的卫士。它锋利的角是它的矛，强壮的头是它的盾，二者组成了强大的防御阵容，即使是凶猛的食肉恐龙也不敢轻易惹它。

独角兽

不知不觉，我们似乎走进了一间大厨房，这大概就是古代的"御膳房"吧！电视里皇帝吃饭，每次都是满汉全席，看得我心驰神往。如今到了这儿，身边又有白泽这个无所不知的"百科全书"，当然得好好让它给我科普一下了。

皇室气派果然不一般，单是那些精美的餐具就看得我眼花缭乱。

"白泽，这个是干什么的？白泽，那个是做什么的……对了，白泽，皇帝吃饭前是不是都要用银针试毒？"

"你听谁说的？"白泽震惊地看着我，"作为一个拥有现代科学知识的现代人，你竟然会相信这种鬼话？"

"我看电视剧里都这么演……"

"落后！愚昧！无知！"白泽用它的小奶音不屑地说，"古代的毒药主要就是砒霜，砒霜你知道吧？就是三氧化二砷。"

我赶紧点头，力求不继续给现代人丢脸。

"因为古代的提炼技术比较落后，砒霜里面残留着硫或者硫化物的杂质，硫和银接触就会产生黑色的硫化银，这就是银针能试毒的原理。但是银针只能试出含硫的毒药，而且还可能会搞出乌龙事件，比如说，蛋黄里面也含硫，因此银针插入蛋黄也会变黑，但是蛋黄里有毒吗？"

"那……让太监先吃一下，以身试毒呢？"我不死心地追问。

"这个倒是有的，然而也并没有什么用。"白泽鄙视地撇撇嘴，"总不能皇帝喝水洗脸都让别人试毒吧？真要是有人想下毒，怎么都能找到机会的。"

好吧，看来我是被影视剧给误导了。我暗下决心，回去以后要好好学习，不再闹这样的笑话。

"其实嘛，古人也是相信这些的，他们还相信独角兽的角做成杯子能解毒呢。"白泽奶声奶气地叹道，"倒霉的独角兽，面对狮子都毫无惧色，却因为这种原因被人类捕杀了。"

我想到了一句话：匹夫无罪，怀璧其罪。一个人本来没有罪，但因为他拥有宝物，就招致了灾祸。独角兽不也是这样吗？不仅仅是独角兽，《兽谱》里的很多神兽都有这样的遭遇。我很同情它们，可我又能做什么呢？

我陷入了深深的迷茫。

似乎是看出了我的想法，白泽鼓励我："你要努力让自己强大起来，才能做自己想要做的事。"

这时，原本安放在展柜中的一只犀角杯碎了。在这些碎片中，一只独角兽的身影逐渐变得清晰，它温和地对我说："你的理解和同情消除了我多年的怨念，非常感谢，我可以为你做些什么吗？"

我赶紧拿出《兽谱》，请独角兽签名。

独角兽签完名，对我们点了点头，就消失了。我忽然发现，手中的《兽谱》也随之消失了，这是什么情况！

"哈！修补《兽谱》的任务终于完成了！"白泽开心地叫道，"皮蛋，你可以回家了！"

"可是……"我看着白泽，忽然想到要和它分别了，接下去的话也不知该怎么说了。

"还没玩够吧？没关系！"白泽眨眨眼，"我也没喝够可乐呢，不过这次就先到此为止……"

我刚要去拉它，就被不知从哪里蹿出来的一只不知名的怪兽重重地踢了一脚。我猛然惊醒，发现自己就躺在爷爷的躺椅上。此时爷爷刚好走进院子，看见我的样子，说："哟呵，我说小家伙，晒书就这么无聊，大白天的你就睡着了？"

175

"爷爷，您回来了？"我心虚极了，赶紧翻看《兽谱》，它真的是完好无缺的！

那刚才……我所经历的一切究竟是真实的，还是一场梦呢？庄周梦蝶，还是蝶梦庄周，看来真的无法分清呀！

但无论如何，我想，那些《兽谱》里的好朋友，已经进入我的生活了。

神奇秘语

在西方神话中，独角兽象征着纯洁与正义。而在中国，古人认为犀牛角是名贵的药材，能解毒，因此人们用犀牛角制作酒杯，用来辟毒、解毒。

在现实中，或许有两种动物是独角兽的原型——印度犀牛和一角鲸。

人们用犀牛的角制作名贵的工艺品，把一角鲸的角当作权力的象征，这也为它们带来了灾难。但是你知道吗，一角鲸的角其实是它的牙齿。

神兽档案

姓名：白泽
住址：东望山
本领：会说话，知晓天下奇珍异兽、
　　　神仙鬼怪之事

姓名：貘
住址：南方深山中
本领：驱邪避瘟，操控梦境

姓名：天马
身份："镇瓦兽"之一
本领：腾云驾雾

姓名：狻猊
住址：西域
特点：长尾钩爪，凶猛异常

姓名：獬豸
住址：东北大荒
本领：审判案件，辨识忠奸

神兽档案

姓名：角端

住址：胡林国

本领：日行万里，通晓各种语言

姓名：大象

特点：长鼻大耳，有长牙

本领：力大无穷，辨识道路

姓名：麒麟

身份：四灵之首

象征：幸运吉祥，仁厚有德

姓名：驺虞

特点：性情温和，不吃活物

本领：奔跑迅捷，日行千里

姓名：桃拔

住址：西域

本领：辟邪祈福，改变命运

神兽档案

姓名：兕

住址：湘水之南

特点：头顶一角，身披硬甲

姓名：九尾狐

住址：青丘山

本领：能够变化，蛊惑

姓名：飞鼠

住址：天池山

本领：能够滑翔

姓名：穷奇

住址：邽山

特点：颠倒善恶，伤害好人

姓名：酋耳

特点：形似老虎，尾巴特长

本领：捕杀猛兽，猎食虎豹

神兽档案

姓名：龙马
特点：似龙似马
象征：天下太平，祥瑞降临

姓名：鹿蜀
住址：杻阳山
特点：毛皮如虎纹，声音如歌谣

姓名：乘黄
住址：白民国
本领：飞腾奔跑，使人长寿

姓名：狡
住址：玉山
象征：预兆祥瑞，五谷丰登

姓名：猾褢
特点：人面长鬣
本领：预知劳役

神兽档案

姓名：窫窳

住址：少咸山

特点：人面马足，叫声如婴儿

姓名：犰狳

住址：馀峩山

本领：蜷成一团，装死

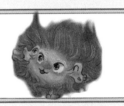

姓名：双双

住址：南海之外

特点：青色，三头

姓名：从从

住址：藟山

特点：形体类犬，有六条腿

姓名：当康

住址：钦山

本领：带来吉庆，预示丰收

神兽档案

姓名：夫诸

住址：敖岸山

特点：长相如白鹿，头上有四角

姓名：开明兽

住址：昆仑之墟

本领：洞察幽隐，明辨是非

姓名：利未亚狮子

住址：大草原

本领：疾走如风，扑腾撕咬

姓名：意夜纳

住址：非洲草原

本领：嗅觉灵敏，撕咬力强

 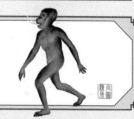

姓名：厌火兽

住址：厌火国

本领：吞吐火焰，表演魔术

神兽档案

姓名：梼杌
住址：西方大荒
特点：力大无穷，预知未来

姓名：天狗
住址：阴山
本领：抵御凶邪，禳除灾害

姓名：戎宣王尸
住址：融父之山
特点：形似骏马，没有头颅

姓名：夔
住址：东海流波山
特点：只有一足，声音如雷

姓名：狰
住址：章莪山
特点：五尾一角，声音清脆

183

神兽档案

姓名：加默良

住址：雨林中

本领：改变体色

姓名：𤢍

住址：洵山

本领：长生不死

姓名：麈

住址：北方深山

特点：身体高大，尾巴修长

姓名：駮

住址：曲山

特点：牙齿锋利，头上有独角

姓名：并封

住址：巫咸之东

特点：前后各有一头

神兽档案

姓名：罴

住址：北方深山

本领：力气大，能直立

姓名：般第狗

住址：河中

特点：胆子小，牙齿锋利

姓名：恶那西约

住址：非洲草原

特点：脖子长

姓名：三角兽

特点：头顶三角，有绿毛

象征：法度修明，天下太平

姓名：独角兽

住址：印度

特点：形似黄马，头上有角

185